극지과학자가 들려주는

남극의 사계四季

여름, 가을, 겨울 그리고 봄

그림으로 보는 극지과학 시리즈는 극지과학의 대중화를 위하여 극지연구소에서 기획하였습니다. 극지연구소Korea Polar Research Institute, KOPRI는 우리나라 유일의 극지 연구 전문기관으로, 남극의 '세종과학기지'와 '장보고과학기지', 북극의 '다산과학기지', 쇄빙연구선 '아라온'을 운영하면서 극지 기후와 해양, 지질 환경 그리고 야생동물들과 생태계를 연구하고 있습니다. 또한 극지 관련 국제기구에서 우리나라를 대표하여 활동하고 있습니다.

일러두기

• 인명과 지명은 외래어 표기법을 따랐다. 하지만 일반적으로 쓰이는 경우에는 원어 대신 많이 사용하는 언어로 표기하였다.

• 참고문헌은 책 뒷부분에 밝혔고, 본문에는 저자명과 출간년도를 표시하였다.

• 사진과 그림의 출처는 각 해당 사진 또는 그림 설명에 표시하였다.

그림으로 보는 극지과학 9

극지과학자가 들려주는

남극의 사계四季

여름, 가을, 겨울 그리고 봄

안인영 지음

우리나라 최초의 남극과학기지 '세종기지'(1988년 2월 17일 개소, 남위 62도 13분, 서경 58도 47분, 서울에서 직선거리로 17,240킬로미터)

"서울에서 지구를 반 바퀴 돌아야 갈 수 있는 세상의 끝자락.
이곳에서의 일 년. 끊임없이 변화하는 자연을 오롯이 느끼고
얼음왕국에서 힘차게 삶을 이어가고 있는 생명체들을 진한
감동으로 체험한 나날이었다."

위버반도

마리안소만

세종봉
255m

대왕여

창고동

세종기지

아라온곡

세종곶

스쿠아연못

고구려봉

신라

전재규봉

백제봉

나래절벽

가야봉
123.6m

아리랑봉

나비봉

맥스웰만

해운대해변

화석봉

촛대바위

바 턴 반 도

펭귄마을 가는 길

남극특별보호구역 No.171
(나레브스키 포인트, '펭귄마을')

백두봉
290.5m

발해봉

포 터 소 만

해표마을

축 척 1:5,000
100 0 100 200 300 400m

차례

(1부) 세상의 끝, 남극

(2부) 남극의 여름, 가을, 겨울 그리고 봄

1장. 여름(12~2월): 생동生動

'남극' 하면 누구나 먼저 눈과 얼음 그리고 펭귄을 떠올린다. 많은 사람들이 일생에 꼭 한 번쯤 가보고 싶어 하는 곳이다. 그러나 일 년을 지내라고 한다면 '그 추운 곳에서 지루하고 힘들어서 어떻게 지내요' 하고 머뭇거리기 마련이다. 나는 여행도 휴가도 아닌 막중한 임무를 부여받고 세종과학기지에서 374일을 보내고, 400일 만에 지구를 한 바퀴 돌아 그리운 가족의 품으로 돌아왔다.

1991년 얼떨결에 남극에 간 최초의 한국 여성이 되었던 나는 23년 후 다시 아시아 최초의 여성월동대장이 되었다. 남들은 대단한 일을 했다고 치켜세웠지만, 이 모든 것이 의지의 결단이라기보다는 우연과 필연의 결과라고 생각한다. 솔직히 말해 처음 남극을 가기 전에 나는 한 번도 남극을 꿈꿔 본 적도 가보고 싶어 한 적도 없었다. 나와는 무관한 세계로 생각하고 평소에 거의 마음에 담아 본 적이 없는 그런 곳이었다. 그런 내가 남극 연구에 뛰어들게 된 것은 미국에서 해양학 공부를 마치고 한국에서 직장을 구하던 중 유일하게 나에게 오라고 제안한 곳이 지금껏 내가 26년간 일해 온 극지연구소였다.

실업자에서 벗어나야 한다는 절박한 마음에 남극을 가야 한다는 조건에 주저 없이 가겠노라고 했다. 그렇게 해서 남극과의 인연이 시작되었고, 지금까지 수시로 남극을 드나들며 연구를 하면서 애착을 갖게 된 것 같다. 결혼에 비유하자면 연애결혼이 아닌 중매결혼으로 맺어진 부부가 오랜 세월 살아가면서 정이 들고 신뢰가 쌓이고 소울메이트가 되어 가는 것처럼, 나와 남극의 관계도 그렇게 발전해 온 것 같다.

남극해양생물을 연구하며 십여 차례 남극을 오간 경험으로 나름 남극을 잘 알고 있다고 자부했건만 일 년간의 남극 생활은 만만치 않았다. 특히 해가 짧은 남극 겨울은 무엇보다 심리적으로 지내기 좀 힘든 계절이었다. 한 치 앞도 볼 수 없는 블리자드가 자주 불고 체감온도가 영하 30도로 내려가는 날은 꼼짝없이 실내에 갇혀 살아야 했다. 그러나 그 길고도 지난했던 남극에서의 일 년은 고생을 보상하고도 남을 만큼 수많은 아름다운 추억과 감동을 선사하였다. 눈과 얼음은 바람, 구름과 빛과 어우러져 늘 끊임없이 변화하면서 경이로운 풍경을 만들어 내었고 바다를 뒤덮은 얼음은 자연의 조각 전시장 같았다. 극한의 환경에서 생명을 잉태하고 새끼를 키우는 생명체들을 지근거리에서 생생하게 관찰하면서 얼어붙은 땅과 바다에 뜨거운 생명과 모성이 준엄하게 존재함을 절절히 느꼈다. 태어난 후 2주 이상을 꼼짝 안 하고 새끼를 지키면서 젖을 먹이던 웨델해표. 어느 정도 자란 새끼를 놔두고 먹이 사냥을 나간 어미를 찾아 밤새 울부짖던 아기 해표가 한참 만에 돌아온 어미의 젖을 허겁지겁 빨던 모습은 너무나 강렬해서 영원히 잊혀지지 않을 것 같다.

"남극에서의 일 년은 그동안 진리라고 굳건히 믿고 있었던 상식의 틀을 깨뜨리고 경직된 사고의 울타리를 거둬버릴 수 있는 계기가 되었다."

그동안 내가 알고 있었던 것은 스냅사진처럼 순간의 영상이자 단편적인 지식이었음을 인정하지 않을 수 없게 되었다. '블리자드는 당연히 동풍이다'라고 그동안 나 스스로의 경험과 다른 사람들에게 들었던 이야기를 통해 굳게 믿고 있었는데 월동기간 중 겪었던 가장 강력한 블리자드는 북풍이었다. '펭귄마을에 사는 대부분의 펭귄은 먹이를 찾아 3월 말에 서식지를 떠나 어디론가 가버렸다가 대략 9월 말이나 10월 초쯤 돌아온다'고 믿고 있었지만, 한겨울인 7~8월에도 수백 마리의 펭귄들이 바다 얼음 위에 또는 건너편 해변에 불쑥 나타나곤 했다. 겨울에도 디즈니 애니메이션 〈겨울왕국〉에서처럼 모든 생명체들이 얼음에 갇혀 멈춰 있는 것이 아니라 하늘과 땅과 바다에서 힘차게 삶을 이어가고 있다는 사실은 감동적이고 놀라웠다.

"남극과학자가 되고자 하는 이들에게 남극연구는 '느림의 과학'이라고
말하고 싶다. '무엇을 연구하든 간에 먼저 보고 느끼고 깊이 생각하고
시작하라. 그러면 미지의 세계인 남극은 꼭꼭 감춰놓은 보물을 조금씩
내비칠 것이다'라고 말이다."

나 자신도 20여 년간 치밀하게 짜인 계획에 의해 남극에 와서 필요한 것만 보고 연구를 했다. 그러나 일 년 동안 어떤 목표도 세우지 않고 지낸 나는 자신 있게 '남극을 더 많이 보고 느끼고 깊이 알게 되었노라'고 말할 수 있다. 목표를 세우지 않으니 더 많은 것이 보였고 나에게 다가왔다. 새로운 발견과 경험은 그간에 축적된 단편적 지식을 수정하고 과학적 지평을 넓힐 수 있는 계기가 되었다.

이 책이 나오기까지 동고동락한 28차 월동대원들, 그리고 따뜻한 격려의 박수를 보내 준 연구소 여러분들에게 감사드린다. 특히 세종기지에 출현하는 새들에 대한 내용을 감수해 준 정진우 박사와 이원영 박사, 남극 화석에 대한 자료를 제공해 준 박태윤 박사, 세종기지 주변 지질 특성에 대해 자문해 준 이재일 박사, 그리고 원고를 꼼꼼하게 검토해 주신 장순근 박사, 멋있는 사진들을 제공해 준 윤영준 박사, 월동대 정경철, 홍준석 대원을 비롯한 여러분들에게 감사를 드린다. 이 책을 통해 내가 느낀 감동과 경험을 남극을 사랑하고 동경하는 이들, 그리고 남극을 연구하고자 하는 이들과 조금이나마 나눌 수 있다면 큰 보람이 될 것 같다. 책의 내용은 자연과학적 관찰이 주를 이루지만, 이외에도 멋진 풍경과 야생동물들로부터 느낀 개인적 감동과 나름의 추론 등도 포함되었다.

2017년 12월 1일 안인영

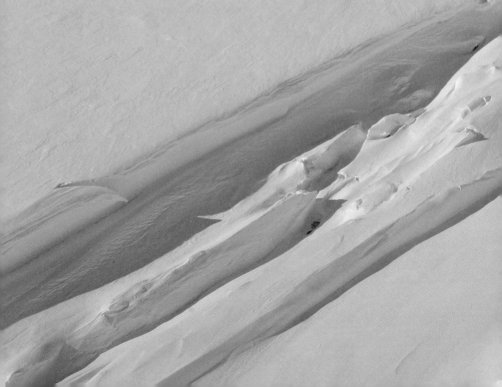

남극은 단순히 지구에서 가장 추운 곳, 단순히 지구에서 가장 끝에 있는 곳이 아니다. 남극은 우리가 살고 있는 곳과 마찬가지로 많은 생명들이 힘차게 삶을 이어가고 있는 곳이다. 생명의 기원, 지구의 역사, 우주의 탄생에 대한 단초를 품고 있는 미지의 대륙이자, 현재 진행되고 있는 기후변화에 가장 취약한 탄광의 카나리아*다.

세상의 끝, 남극

＊ 탄광의 카나리아Canaries in the mine란?

멀고 먼 옛날, 탄광에는 특별한 환기 시설이 없었기 때문에 광부들은 항상 독가스에 중독될지 모르는 위험을 감수해야 했다. 그래서 이들은 광산에 들어갈 때 일산화탄소와 같은 독가스에 매우 민감한 카나리아를 데리고 들어갔다. 카나리아가 노래를 계속하고 있는 동안 광부들은 안전하게 일할 수 있었으나, 카나리아가 죽게 되면 위험을 느끼고 곧바로 탄광을 탈출함으로써 자신의 생명을 보존할 수 있었다. 오늘날 탄광에서는 더 이상 카나리아를 볼 수 없게 되었지만, '탄광의 카나리아'라는 표현은 위험을 미리 경고해주는 사람이나 매개체를 지칭할 때 은유적으로 사용된다.

1 세종기지 가는 길

남극에 오는 사람은 크게 두 부류로 나눌 수 있다. 첫 번째는 오랫동안 이곳에 오기를 열망했던 사람들, 즉 꿈을 실현한 사람들 그리고 두 번째는 자신의 의지와는 관계없이 지극히 현실적인 목적으로 온 사람들이다. 남극은 오고 싶다고 쉽게 올 수 있는 곳이 아니기에 결국 남극에 오는 대부분의 사람들은 후자에 속한다. 나도 마찬가지였다. 1991년 7월 1일 해양연구소에 입소한 나는 그해 12월 남극하계연구단으로 세종과학기지(이하 세종기지)에 파견되었다. 일 년간의 실업자 생활로 정신적으로 피폐해졌던 나는 죽을 일이 아니라면 뭐든 해야겠다고 마음먹었기에 남극으로의 첫 번째 여행은 두려움보다 기대감에 젖어 있었다.

서울에서 세종기지까지는 직선거리로 17,240킬로미터지만 비행기 타고, 배 타고 가는 실제거리는 약 24,000킬로미터, 최소 4박 5일이 걸리는 대장정의 여정이다. 그야말로 지구를 반 바퀴 돌아야 갈 수 있는 곳이다(그림 1). 그것도 북반구에서 남반구로, 온대에서 극지방으로 시차와 급격한 기후변화를 겪어 가면서 말이다. 미국 뉴욕을 거쳐 칠레 수도 산티아고를 거치는 장기간의 비행 끝에 드디어 칠레 최남단 항구 도시 푼타아레나스에 도착했다. 푼타아레나스는 남극으로 통하

> 서울에서 세종기지까지는 직선거리로 17,240킬로미터지만 비행기 타고, 배 타고 가는 실제거리는 약 24,000킬로미터, 최소 4박 5일이 걸리는 대장정의 여정이다.

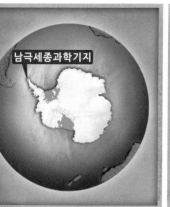

그림1

세종기지 가는 길. 유럽 또는 북미대륙을 거쳐 시차와 급격한 기후변화를 겪으면서 남반구로 내려가는 대장정이다.

는 관문 중의 하나로 세종기지를 가기 위해서는 이곳에서 비행기나 배를 타야 한다. 남극으로 가는 관문은 문명세계에서 원시적 자연으로 가는 매우 특별한 곳인데 푼타아레나스 외에도 호주의 호바트, 뉴질랜드의 크라이스트처치, 아르헨티나의 우수와이아 등이 있다. 나는 운 좋게도 여러 곳의 남극 관문도시들을 가 보았는데 문명세계의 끝자락에 있는 이들 남반구 관문도시들은 공통적으로 남극의 기운을 머금은 듯 나름 묘한 분위기가 있었다.

처음 푼타아레나스에 도착했을 때 가장 인상 깊었던 것은 바람이 상당히 세게 분다는 것이었다. 1990년대 칠레 수도 산티아고에서 푼타아레나스를 오가는 비행기는 크기가 작았는데 어찌나 바람이 부는지 공항에 착륙할 때 비행기가 술에 취한 듯 휘청거려 마음이 조마조마했다. 흥미롭게도 비행기 안에서 기내식을 배식하던 카트에 한국말이 적혀 있었는데 아마도 한국에서 쓰던 중고비행기를 사들여서 운영했던 것 같다. 지금도 여전히 바람이 세게 불지만 오가는 비행기가 커지고 좋아진 탓인지 바람으로 인한 불안감은 훨씬 줄어들었다. 바람이 세게 부는 탓으로 시내를 걷다 보면 한 방향으로 쓰러질 듯 기울어져 있는 나무들을 쉽게 볼 수 있다. 또 12월이면 이곳 남반구에선 한여름인데 푼타아레나스는 남극에 가깝기 때문인지 바닷물이 무척 차다. 당연히 수영은 할 엄두도 못 내고, 끝도 없이 펼쳐진 해안에 사람 그림자가 없이 그대로 있는 것이 낯설기만 하다. 한국 같으면 벌써 횟집이 빽빽하게 들어섰을 터인데. 바닷가는 한적하지만 한국에서는 보기 힘든 광활한 지평선 위로 눈부신 햇살을 가득 담은 파란 하늘이 넓게 펼쳐져 있고, 화려한 색을 뿜어내는 야생화들이 들판을 수놓고 있었다. 하늘이 허공의 대부분을 차지하고 있어 눈이 부실 지경이었다. 파타고니아*의 끝자락을 감상할 수 있는 곳이었다(그림 2). 광활한 땅과 깨끗한 공기, 아름다운 풍경이 너무 부러웠다.

---

* 파타고니아Patagonia는 칠레와 아르헨티나에 걸쳐 있는 남아메리카 남단부로 안데스산맥과 사막, 초원지대를 포함하며 뛰어난 자연경관과 다양한 야생생물의 서식처를 포함하고 있다.

그림 2

야생화가 만발한 푼타아레나스의 교외 풍경. 파타고니아의 정취를 맛볼 수 있는 곳이다.

처음 와 본 푼타아레나스의 야생 정취에 흠뻑 젖은 나는 부푼 기대를 안고 연구소에서 임차한 '에레부스'라는 작은 배를 타고 세종기지로 향했다. 푼타아레나스에서 험하기로 악명 높은 드레이크 해협을 건너 세종기지가 있는 킹조지섬으로 가는 여정은 나에게는 가장 힘들었던 고통스러운 추억으로 남아 있다. 요즘은 비행기를 타고 3시간 만에 가는 곳인데 초창기에는 4박 5일 동안 배를 타고 건너야 했다(그림 3). 배멀미를 심하게 하는 나는 선실에 누워 배멀

칠레 남단 항구 푼타아레나스에서 남극 출항을 기다리고 있는 에레부스호. 1991년 12월 남극에 처음 갈 때 타고 간 배였다. (사진 장순근)

미의 고통이 어서 끝나기만을 기다렸다. 먹은 것이 없어 나중에는 쓴 물만 올라왔다. 나에게는 분만통 다음으로 고통스러운 체험이었다. 드디어 세종기지가 보이고 배가 정박했을 때 5일 만에 첫 끼니를 먹었다. 동료 연구원이 정성스럽게 냄비에 끓여 준 컵라면이었는데 내가 먹어본 것 중 가장 맛있는 라면이었다. 배에서 내려 육지에 오르니 땅이 자꾸만 일어서는 것이 아닌가? 소위 땅 멀미였다. 이렇게 나는 남극을 방문한 최초의 한국 여성이 되었다.

2 '펭귄의 나라', 남극의 경계는?

'펭귄이 사는 얼음 나라'로 우리가 쉽게 생각하는 남극은 지구상에서 문명세계에서 가장 멀리 떨어진 원시적인 곳이다. 한반도의 62배에 달하는 남극대륙은 평균 2.1킬로미터의 두꺼운 얼음으로 덮여 있는 지구상 최대의 얼음 저장고로 전 세계 얼음의 90%, 담수의 70%가 오롯이 담겨 있는 곳이다. 남극대륙을 덮고 있는 얼음은 쌓이고 쌓인 눈이 오랜 세월 다져져서 형성된 것으로 제자리에 있지 못하고 경사면을 따라서 계속 이동하게 되는데 이것을 빙하Glacier라고 한다. 남극 얼음의 대부분이 빙하의 형태로 존재하며, 이 빙하가 모두 녹으면 해수면이 약 60미터 상승할 것으로 예측하고 있다.

우선 어디서부터 어디까지가 남극인가에 대해 좀 전문적으로 구분해 보고자 한다. 어느 나라의 영토도 아닌 남극은 남극조약Antarctic Treaty(1959년 조인)에 의해 편의상 남위 60도 이하의 땅인 남극대륙과 주변의 섬들, 그리고 남빙양을 포함한다고 규정하고 있다. 한편 자연적 영역은 찬 남극 바닷물과 비교적 따뜻한 아남극 바닷물이 만나는 남극수렴선Antarctic Convergence에 의해 구분된다. 극전선Polar Front이라고도 불리우는 남극수렴선은 눈에 보이지는 않지만 이 경계를 기점으로 바닷물의 표층 수온이 뚜렷하게 차이가 나는 것으로 알아낼 수 있다(그림 4). 섭씨 영상 2도 미만의 남

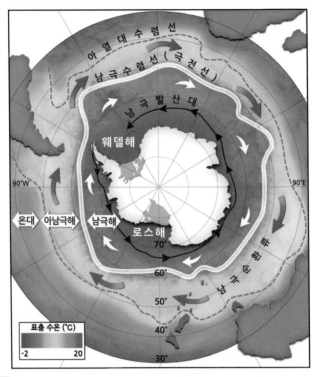

남극의 경계: 남극조약에 의한 경계(남위 60도 이남); 남극수렴선에 의한 자연경계. 남극수렴선은 남극순환류에 의해 유지되고 있다. 남극수렴선 이남과 이북의 뚜렷한 표층 수온 차이를 보여주는 개념모델

극 바다에서 남극수렴선을 지나 북쪽으로 이동하면 갑자기 바닷물의 온도가 영상 5도 이상으로 급상승하기 때문이다. 남극수렴선은 계절에 따라 남위 48도에서 61도 사이를 왔다 갔다 하며, 남극조

약에 의해 인위적으로 지정한 영역보다 좀 더 넓은 지역을 남극으로 포함한다. 남극수렴선이 유지되는 것은 남극대륙을 고리처럼 감싸고 흐르는 남극순환류Antarctic Circumpolar Current 때문인데 강한 편서풍의 영향을 받는 남극순환류는 센 물살이 수심 1,000미터까지 발달되어 있어

> 남극수렴선은 눈에 보이지는 않지만 이 경계를 기점으로 바닷물의 표층 수온이 뚜렷하게 차이가 나는 것으로 알아낼 수 있다.

서 주변의 태평양, 대서양 그리고 인도양의 따뜻한 바닷물과 잘 섞이지 않기 때문이다. 물론 수심 1,000미터 아래에서는 주변 대양과 자유롭게 바닷물이 오고 간다(Lumpkin and Speer, 2007).

3 남극에서 왜 화석이 발견될까?

오늘날 남극 곳곳에서는 종자고사리, 삼엽충, 암모나이트, 공룡 등 과거에 살았던 동식물 화석을 심심찮게 발견할 수 있다. 최근에는 미국 스미소니언연구소 연구팀이 남극에서 최초로 딱정벌레 화석을 발견하였는데 이 종은 약 1,400만 년에서 2,000만 년 전에 살았을 것으로 추정하고 있다. 세종기지와 장보고기지 주변에서도 심심찮게 화석이 발견되고 있다(그림 5). 이들 화석의 존재로부터 우리는 과거 남극대륙이 지금보다는 훨씬 온난한 환경이었음을 추측할 수 있다.

남극이 처음부터 얼음에 뒤덮인 대륙이었던 것은 아니다. 중생대 초까지만 해도 남극대륙은 아프리카, 남미대륙, 인도, 호주 대륙과 함께 남반부의 땅 전체가 붙어 있었던 곤드와나Gondwana라는 거대한 대륙의 일부로 현재보다 훨씬 북쪽의 따뜻한 지역에 위치하였다. 남극대륙에는 양치류와 침엽수림이 있었고 공룡과 포유류를 비롯하여 수많은 동물들이 살았었다. 이 곤드와나대륙이 약 2

이들 화석의 존재로부터 우리는 과거 남극대륙이 지금보다는 훨씬 온난한 환경이었음을 추측할 수 있다.

억 년 전 분리되기 시작하면서 남극대륙은 남쪽으로 이동하게 된다(그림 6). 중생대 백악기 말인 6,500만 년 전에는 현재의 남극점

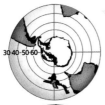

약 2천만 년 전

다른 대륙이 완전히 떨어져 나가고 남극순환류가 형성됨에 따라 냉각이 가속화되고 육상생물들이 거의 멸종하였다.

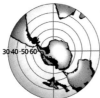

약 3천4백만 년 전

대륙에 빙하가 덮이기 시작했다.

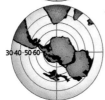

약 6천5백만 년 전

극점에 위치하게 된 남극대륙. 이때만 해도 지구대기온도가 현재보다 섭씨6-7도 높았고 해수온도는10~15도로 지금보다 훨씬 따뜻했으며, 공룡과 포유류, 침엽수, 양치류가 존재하였다.

약 2억 년 전

남극대륙은 초거대 곤드와나 대륙의 일부로 지금보다 따뜻한 북쪽에 위치해 있었다. 다른 대륙들과 분리되면서 극점으로 이동을 시작했다.

그림 6

남반구 대륙들이 합쳐진 거대 대륙, 곤드와나의 일부였던 남극대륙이 약 6,500만 년 전에 남극점에 자리 잡은 후 냉각화되어 가는 과정. Kennett(1978)의 그림을 수정에 자리 잡았고, 3,400만 년 전부터 남극대륙에는 빙하가 쌓이기 시작했다. 남극의 냉각이 가속화되기 시작한 것은 호주와 남미대륙이 완전히 떨어져 나가고 이어서 남극순환류가 형성되면서부터였다. 남극순환류 형성 시기에 대해 여러 가지 학설이 있지만 대략 4,000만 년 전에서 약 2,000만 년 사이로 보고 있다(Barker and Burrell, 1977; Siegert et al. 2008). 이후 남극대륙에 살던 대부분의 동물과 식물들이 멸종하였다(Lewis et al. 2008).

현재 남극대륙 대부분은 평균 2.1킬로미터의 두꺼운 얼음으로 덮여 있고, 여름철 눈이 녹아 한시적으로 노출되는 곳은 1퍼센트도 채 안 된다. 남극점의 연평균 기온은 영하 50도이고 겨울에는 영하 80도 이하로 내려간다. 남극점보다 더 추운 러시아 보스톡기지는 영하 89.2도를 기록한 바 있다. 남극대륙은 이처럼 생물이 살아가기 힘든 혹한의 땅으로 얼음에 덮여 있지 않는 곳에 진드기, 이끼, 지의류처럼 크기가 작고 구조가 비교적 간단한 동식물만 살고 있을 뿐이다. 우리가 육상에서 흔히 볼 수 있는 펭귄을 포함한 새들은 바닷가에서 살면서 먹이를 바다에서 구하고, 물개와 해표들은 먹이를 바다에서 구하는 것은 물론이고 생의 많은 시간을 바닷속에서 보낸다. 이런 이유로 이들을 육상동물이 아닌 해양조류와 해양포유류로 각각 분류하고 있다.

¯4 해양생물의 보금자리 남빙양

앞서 설명한 바와 같이 공룡과 포유류가 살고 침엽수림, 양치류가 번성했던 남극대륙은 대륙이동과 함께 극점으로 오게 되면서 동토의 땅으로 변했고 육상생물이 거의 멸종했다. 이와 반대로 전 세계 바다의 약 10%를 차지하는 남빙양에는 미생물, 무척추동물, 어류, 펭귄, 고래에 이르기까지 수많은 해양생물이 살고 있다. 얼음 바다에 어떻게 많은 생물들이 살고 있는가에 대한 의문은 남빙양의 지질학적 진화에서 그 해답을 찾을 수 있다. 극점으로 이동한 직후인 6천5백만 년 전만 해도 바닷물의 온도가 섭씨 9~15도로 비교적 따뜻했다. 이후 주변 대륙들이 떨어져 나가고 남극순환류가 형성되면서 대륙에는 얼음이 쌓이기 시작하고 바닷물도 급속히 냉각되기 시작했다(그림 6).

이 때 육상동식물과 마찬가지로 해양생물도 약 60~70%가 멸종되었다고 한다. 그러나 이후에는 수온이 큰 변화 없이 유지되어 생물이 충분히 적응 진화할 수 있게 된 것으로 보고 있다. 남극대륙이 영하 90도까지 내려가는 것과는 달리 바다는 최저 온도가 바닷물의 빙점인 영하 1.8도이고 계절적인 변동도 미미하다. 세종기지 앞바다 수온은 연중 영상 2도에서 영하 1.8도 사이로 변화한다(극점에 보다 가까운 장보고기지 앞바다는 영하 1.8도로 연중 변화가 거의 없다). 수온은 낮지만 변화는 거의 없기 때문에 해양생물들은 각기

적응하면서 진화해 온 것이다.

비교적 원시상태를 잘 유지하고 있는 남극 바다도 한때는 수탈의 대상이었다. 1773년 제임스 쿡이 남빙양 남위 67도에 처음 진입한 이후 200여 년간 물개, 해표 그리고 고래 등이 상업적으로 포획되고 살육되었다. 1970년대부터는 크릴 조업이 시작되면서 많은 나라들이 남극 바다로 몰려들었다. 크릴은 어류, 바다새, 물개, 고래 등 대부분의 남극해양생물들의 주요 먹이로 크릴 남획은 남극해양생물들의 생존을 위협하는 일이었다. 불법 조업이 여전히 끊이지 않고 있긴 하지만 국제사회는 1980년 '남극해양생물자원보전에 관한 협약CCAMLR'을 체결하고 크릴, 이빨고기 등 남극수산생물자원을 보호하기 위해 매년 어획량을 제한하고 불법조업을 감시하는 등 철저하게 관리해오고 있다.

종다양성의 보고인 남빙양 남극 바다에는 다른 바다에서 발견되지 않는 새로운 종, 즉 남극토착종이 많다. 남극해양생물 대부분이 남극 바다에 오랫동안 고립된 채 적응해 오면서 다른 종으로 분화해 왔기 때문이다. 다시 말하면 종다양성이 매우 높은 것이다. 앞서 설명한 바와 같이 남극대륙을 고리처럼 감싸고 흐르는 강한 남극순환류때문에 남극 바다는 천만 년 이상 주변의 인도양, 대서양, 태평양 바닷물과 잘 섞이지 않고 고립되어 왔다. 고래같이 헤엄치는 큰 동물은 자유자재로 다른 바다로 왔다 갔다 할 수 있지만 몸집이 작은 플랑크톤이나 해저에 고착되어 있는 생물들은 그렇게 할 수 없다. 특히 해저에 고착되어 살거나 느리게 이동하는 해양저서무척추동물의 경우 토착종의 비율이 매우 높은 것으로 밝혀지고 있다. 현재 남극해양저서무척추동물은 약 10,000여 종이 등록되었는데(http://www.marinespecies.org/rams, 2017-08-20 접속), 과학자들은 이것은 단지 빙산의 일각일 뿐으로 실제로는 최소 수만 종에 이를 것으로 추측하고 있다. 남극의 대표생물인 펭귄이 총 7종, 물개와 해표가 6종, 고래가 총 25종인 것을 고려하면 실로 놀랄 만한 숫자다.

최근 과학자들에 의해 속속 발견되고 있는 신종들은 정말 우리의 상상을 초월한다. 일례로 최근 미국의 해양생물학자들은 장보고기지가 있는 로스 해에서 원격조정이 가능한 잠수정을 200미터나 되는 얼음 밑에 넣어 탐사하던 중 몸통의 대부분을 얼음 속에 박고 거꾸로 매달린 상태로 촉수 부분만 물 속에 내놓고 있는 말미잘 무리를 발견하였다(그림 7). 길이가 2~3센티미터에 불과한 이 작은 말미잘이 100제곱미터나 되는 지역에 수만 마리가 자라고 있는 것이 카메라에 포착된 것이다. 에드와르시엘라 안드릴라에라

> 남극 바다에는 아직 발견되지 않은 신기한 생물들이 무궁무진하다. 미지의 세계에 도전해보고 싶은 과학도들에게 그래서 '남극의 해양생물을 연구해보라'고 하겠다.

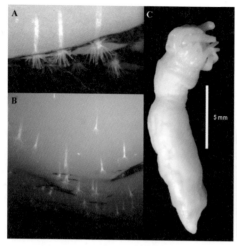

그림 7

로스해 빙붕 얼음 밑에 거꾸로 매달린 말미잘. 에드와르시엘라 안드릴라에*Edwardsiella andrillae*. 잠수정 탐사 중 발견한 신종이다. 출처: Daly et al. (2013)

는 이름이 붙여진 이 남극말미잘은 비슷한 종이 심해나 염분 변화가 심한 강 하구 등에 서식하고 있으나 얼음 속에서 몸의 일부를 박고 살고 있는 경우는 처음으로 발견된 것이다. 남빙양의 두꺼운 얼음이 훼방꾼이 아닌 보금자리로 이용되고 있다니! 촉수의 형태나 자포낭*의 크기 및 위치가 유사 종들과 매우 다른 것으로 나타났으나, 어떻게 얼음 속에서 적응하면서 살고 있는지는 의문이다. 이 남극말미잘의 신비로운 삶에 대한 비밀은 앞으로 과학자들이

---

* **자포낭Cnidosac, 刺胞囊**은 히드라나 해파리와 같은 강장동물이 갖고 있는 일종의 '독침주머니'로 먹이를 잡을 때 또는 공격을 받을 때 외부로 독침을 발사하여 자신을 방어하는 데 사용된다. 바다에서 해파리에 쏘인 경우가 이에 해당된다.

두고두고 풀어나가야 할 것이다. 이처럼 남극 바다에는 희소가치가 있는 연구 재료들이 무궁무진하다. 미지에 세계에 도전해보고 싶은 예비과학도 그리고 젊은 과학도들에게 '남극해양생물을 연구해보라'고 하겠다. 좀 튀고 싶다면 남들이 가지 않은 길을 가야 하지 않을까?

5 세종기지에서 해양생물연구를 시작하다

1988년 2월에 개소한 우리나라 최초의 남극과학기지인 세종기지(남위 62도 13분, 서경 58도 47분)는 남극반도 끝자락에 있는 남쉐틀란드 군도 킹조지 섬에 위치한다. 연평균 기온이 영하 1.8도(가장 추운 7월 평균 기온 영하 6도, 가장 따뜻한 1월 평균 기온 영상 2도)로, 남극대륙에 비해 기상조건이 비교적 온난한 해양성 남극에 속한다. 남극조약에 따라 간신히 남극의 영역에 속하지만 남극해양생태계의 대표적 특성을 두루 잘 갖춘 곳이어서 이곳에서 연구를 하게 된 것이 해양생물학자인 나에게는 정말 행운이었다. 겨울철 2~3개월은 바다가 종종 얼어붙지만 여름철(11월에서 이듬해 2월)에는 바다가 녹아 해저생물들을 잠수 촬영하거나 채집해서 연구하기에 더할 나위 없이 좋은 곳이다. 미국에서 대합조개의 생태를 공부한 나는 세종기지에 먼저 와 본 연구원들로부터 남극세종

기지 앞바다에도 비슷한 조개가 많이 살고 있다는 말을 듣는 순간
'바로 이거다' 하고 쾌재를 불렀다(그림 8).

　세종기지는 2000년대 초반까지 연구 시설에 매우 열악하여 복
잡한 실험이나 분석은 현장에서 할 수 없었다. 처음 이곳에 도착한
1991년 12월 항공화물로 주문한 실험수조가 제때에 도착하지 않
는 바람에 보급품을 담았던 나무궤짝에 비닐을 깔아 실험 수조를
만들어 창문도 없고 전깃불도 없는 컨테이너 안에서 실험을 했다.
다행히도 남극의 여름은 낮이 길어 컨테이너 문짝을 열어 놓으면
전깃불이 필요 없긴 했다. 그런데 어느 날 블리자드가 심하게 불었
고, 다음 날 보니 살짝 열어 놓았던 컨테이너 문짝 틈으로 눈이 들
이닥쳐 실험 장비들이 온통 눈에 덮여 있었다. 얼음처럼 차가운 바
닷물에 손을 담그며 실험을 하다 보니 손이 얼얼했다. 한 치 앞도

안 보이는 블리자드 속을 걷다가 머리를 부딪쳐 두피가 찢어진 적도 있었다. 고무보트를 타고 나가 해양생물을 채집하는 일도 쉽지 않았다. 다이버들은 얼음이 둥둥 떠다니는 바닷속에서 가끔 표범해표의 위협을 받으며 잠수를 해야 했다. 이렇게 나는 전사처럼 세종기지의 해양생물학자가 되었고 열심히 세종기지를 드나들었다. 이후에도 몇 년간은 심한 뱃멀미를 하면서도 말이다. 첫해 나무궤짝에 비닐을 깔아 실험한 연구 결과는 나의 첫 남극 논문이 되었다(Ahn, 1993). 이 논문은 세종기지 앞바다에 많이 살고 있다던 바로 그 조개의 먹이 생태에 관한 것으로, 실험 결과 이 조개가 남극 연안의 유기물질 순환에 중요한 역할을 하고 있는 것으로 나타났다. 이 흥미로운 결과는 24년이 지난 지금도 남극해양생물학자들에게 꾸준히 인용되고 있다.

6 남극의 여성과학자들

퀴리부인Marie Sklodowska Curie, 1867~1934은 1906년 11월 6일 프랑스 역사상 여성 최초로 대학교수가 되어 소르본 대학교에서 첫 강의를 하였다. 이 첫 강의에서 퀴리는 이렇게 말했다고 한다. '오늘 우리는 남녀 평등주의의 승리를 축하할 수 있게 되었습니다. 이제 여자도 사람다운 대접을 받아야 할 때가 온 것입니다.' 그런데 놀랍게도 전 세계에서 가장 진보적이라 할 수 있는 미국의 여성과학자가 남극에 직접 가서 연구를 할 수 있게 된 것은 1970년대 이후다. 1950년 후반 냉전시대에 여러 선진국들은 경쟁적으로 남극에 기지를 세우기 시작했다. 2,000여 명의 군인을 수용할 목적으로 남극 최대기지인 맥머도기지를 건설한 미국은 단연 남극과학에서도 선두주자를 달리고 있었다. 그런데도 남극은 여전히 여성과학자들에게는 금기의 땅이었다. 미국의 경우 해군이 남극과학기지를 운영했는데(지금도 운영 주체임) 매우 보수적이었다고 한다. 처음에는 '남극은 여성에게 위험한 곳이다'라고 했고, 이어서 기지의 주거 환경이 개선된 후에는 '남극은 여성이 지내기에는 생리적으로 불편하다'는 이유로 여성의 진출을 반대하였다고 한다(Rothblum et al. 1998).

남극에 간 최초의 미국 여성과학자들은 4명의 오하이오 주립대학 연구팀이었다. 이들은 1969년 남극해안에서 성공적으로 연구를 수행하고 돌아왔다. 이어서 다음 해 1970년에는 전기공학자 이레느 피덴Irene C. Peden이 미국 여성 최초로 남극대륙 깊숙이 들어가 성공적으로 고층대기연구를 하고 귀환하였다. 당시 악천후와 열악한 조건을 이유로 여성이 대륙 깊숙이 들어가는 것을 미 해군은 극심하게 반대하였다. 이레느의 끈질긴 요청에 동행하는 여성이 있어야 한다는 조건을 내세워 미 해군은 마지못해 허락을 하였고, 이레느는 천신만고 끝에 뉴질랜드 출신의 여성 전문산악인과 함께 남극을 가게 되었다. 이레느는 당시 '내가 실패하면 앞으로 수십 년간은 여성의 남극대륙 진출은 없을 것이다'라는 각오를 했다(Rothblum et al. 1998). 성공적으로 임무를 마치고 돌아온 이후 봇물 터지듯이 여성의 남극 진출이 가속화되었다. 여성과학자의 남극 진출에 한 획을 그은 그녀의 공헌을 기리기 위해 1970년대에 남극대륙 깊숙한 곳에 그녀의 이름이 붙여졌다. '피덴 절벽The Peden Cliffs'(남위 74도 57분, 서경 136도 28분)이 그것이다.

이제 여성과학자들은 원하는 대로 맥머도기지에 갈 수 있을 뿐 아니라 맥머도 기지 군인들도 3분의 1이 여성이라고 한다. 나는 1995년 1월 한 달간 미국과학재단의 지원으로 맥머도기지에서 연구 활동을 한 적이 있었는데, 정확한 숫자는 모르지만 과학자와 다른 민간인들뿐 아니라 상당수의 군인들도 있었다. 그때는 남녀의 문제가 아닌 군인들과 과학자들 간의 편 가르기 비슷한 묘한 분위기가 있었다. 민간인들은 빨간 방한복을 군인들은 회색 방한복을 입어서 쉽게 구분이 되었는데, 과학자들은 군인들 사이에서 실험용 유리기구인 '비이커Beaker'라는 은어로 불렸다. 야외조사 시 헬리콥터를 타야 했는데 간혹 조종사들이 과학자들을 골탕 먹이려는지 곡예비행을 하곤 해서 멀미도 나고 겁도 나곤 했었다.

오늘날에는 여러 나라에서 다수의 여성들이 남극에 가는 것은 물론이고 월동(남극에서 겨울을 보내는 것을 의미하는데 대략 일 년 동안 남극에서 지낸다)을 해오고 있다. 1991년 독일 노이마이어기지 월동대는 대장 포함 9명 전원이 여성으로 구성되었다. 내가 월동하던 해인 2015년에는 폴란드 기지 대장, 우루과이 기지와 아르헨티나 기지 의사가 여성이었다(이명주, 1998). 1997년에는 우리나라 여성 최초로 이명주 의사가 월동을 했고, 중국 장성기지에서는 2000~2001년에 여의사와 여성 부대장이 월동을 했다. 여의사들이 특히 월동을 많이 했는데 미국 남극점 아문센-스코트기지에서 처음 월동한(1978~1979) 미셸 레인도 여의사였다. 우리나라는 2010년 전미사 연구원, 2015년 필자를 포함 지금까지 총 3명의 여성이 남극에서 월동을 하였다. 그리고 2017년 현재 지질학자인 이재일 박사가 세종기지에서 월동 중이다. 매년 여름 세종기지에 가는 우리나라 여성 과학자들의 수도 점점 늘어나고 있다.

세종기지 해양생물학자 월동대장이 되다 여성과학자들이 점점 늘어나고, 2014년 우리나라 두 번째 남극과학기지인 장보고기지가 가동되면서 이제는 여성도 남극 월동을 해야 한다는 의견이 분분해지기 시작했다. 자연스러운 시대적 흐름이었다. 그동안 여성이라는 이유로 면죄부를 받아온 것 같아 불편한 생각도 들었다. 후배 여성연구원들의 초롱초롱한 시선이 나에게 쏠렸다. 남극 경험이 가장 많은 선배로서 또한 개인적으로는 육아나 가사 부담에서 벗어난 이제는 그간의 경험을 살려서 후배 여성과학자들을 위해 롤 모델이 될 필요가 있다고 생각했다. 온전한 경험을 위한 그리고 진정한 남극인이 되고자 하는 하나의 신고식이라 생각하고 담담하게 일 년간의 남극생활을 받아들였다. '한 번 해보지 뭐!' 그러나 '내가 실패하면 제2의 여성월동대장은 수십 년간 나올 수 없을 거야'하는 각오로 말이다.

그림 9

1990년대 초반 세종기지에서의 하루

2부

남극의 여름, 가을, 겨울 그리고 봄

(사진 윤영준)

북유럽 주민인 사미^{Sami}

족은 눈과 얼음을 묘사하는 언어가 50여 가지가 넘는다고 한다. 사미 족은 노르웨이, 스웨덴, 핀란드, 러시아 등의 북극권 지방에 살고 있는 원주민으로 노르웨이에 가장 많이 살고 있다(노르웨이에 37,890~60,000명이 산다고 한다. https://en.wikipedia.org/wiki/Sami_people, 2017-8-21 접속). 최근 상영되었던 디즈니 애니메이션 〈겨울왕국〉에 정의의 사나이로 등장하여 공주 자매를 도와주는 순록을 모는 크리스토퍼라는 청년이 사미 족이다. 사미 족뿐 아니라 알래스카의 이누이트 족도 눈과 얼음을 표현하는 수십 가지 단어가 있다고 한다. 우리가 보기에는 일 년 내내 똑같은 눈과 얼음인 것 같지만, '눈과 얼음의' 두께, 단단한 정도, 육안으로 보이는 상태 등은 이들 원주민들의 생계와 생존과 불가분의 관계에 있기 때문에 오랜 경험을 바탕으로 세밀한 변화와 차이를 찾아내고 그들 나름대로 기준을 마련해 온 것이리라.

마치 우리가 일 년을 24절기로 나누어서 농사짓고 장 담그고 하는 일상에 활용했던 것처럼 말이다. 안타깝게도 최근에 기후변화로 원주민들의 몸에 밴 계절 감각이 간혹 틀리기도 하는 것 같다. 따뜻해진 날씨로 호수의 얼음이 푸석해진 것을 모르는 원주민들이 호수를 건너가다가 빠져 죽었다는 안타까운 기사를 읽은 적이 있다.

나는 일 년간 남극세종기지에서 지내면서 사미 족과 비슷한 경험을 하였다. 살얼음이 뒤덮이기 시작한 앞 바다는 한겨울에 그지없이 단단해지더니 봄이 가까이 오자 셔벗처럼 푸석푸석해졌다. 얼음의 상태와 날씨에 따라 오고 가는 생물들도 달라졌다. 위도가 66.5도 이남이어야 볼 수 있는 백야白夜(하루 종일 해가 지지 않는 현상)나, 극야極夜(하루 종일 밤만 계속되는 현상), 그리고 오로라는 없지만 한국에서보다는 훨씬 극적인 계절변화가 있었다. 낮이 짧은 겨울철에는 해가 오전 10시에 떠서 오후 2시가 넘으면 지지만 주위가 온통 눈, 얼음이어서 해가 조금만 비춰도 햇빛이 반사되어 주변이 환해지곤 했다. 또 남극의 봄철인 9~10월에는 오존홀이 가장 커지고 자외선도 강해진다.

이와 같이 남극에도 계절의 변화가 있음에는 분명하나 내가 경험해 본 바로는 온대지역의 사계절과 딱 들어맞는 건 아닌 것 같다. 그럼에도 남극에는 사미 족이나 이누이트 족같은 원주민도 특

별한 기준도 없기에 그러나 계절의 변화가 있음은 분명하기에 편의상, 그리고 내가 겪은 계절의 순서를 고려해서 여름, 가을, 겨울 그리고 봄으로 나누었다.

이 책에 기술한 내용들은 세종기지 주변을 직접 발로 다니면서 보고 느끼고 경험한 것들이다. 여기에 망원경으로 관찰한 좀 더 먼 거리에서 일어난 상황들이 더해졌다. 하지만 제한된 공간에서 일어난 이야기이기에 남극의 사계에 대한 보편적 상황이라기보다는 개인적 경험을 바탕으로 한 체험기라고 조심스레 말하고 싶다.

창문을 통해 본 남극의 사계 본관동 2층에 위치한 대장의
집무실은 창문을 통해 계절의 변화를 관찰하기에 아주 좋은 자리
였다. 무엇보다 건너편 위버반도를 배경으로 한 풍경은 하늘과 바
다와 땅과 산을 모두 품고 있어 시간과 계절의 흐름을 생생하게 느

극지과학자가 들려주는 남극의 사계 - 여름, 가을, 겨울 그리고 봄

낄 수 있었다. 노을과 구름과 빙산들은 한 폭의 그림을 만들어 내곤 했다. 또 바로 옆방 통신실에는 망원경이 있어서 건너편 위버반도 해안에 출몰하는 펭귄들이나 해표들도 관찰할 수 있었다. 같은 층에 있던 내 침실에서도 북쪽과 서쪽으로 나 있는 두 개의 창문을 통해 시시각각 변화하는 풍경과 오고가는 야생동물들을 관찰하곤 했다. 특히 침실의 서쪽 창문은 이곳 킹조지섬으로 들어오는 모든 배와 항공기를 볼 수 있는 외부 세계로 열려 있는 유일한 창이었다.

1장
여름(12~2월): 생동 生動

남극의 여름은 짧지만 모든 생물들은 이 기간을 최대한 이용해
서 먹고, 새끼를 낳고 키운다. 모두들 바쁘게 사냥을 하고 잡아먹히
기도 한다. 활기차게 생동하는 풍요로움 이면에는 생존을 위한 처
절함도 공존한다. 일 년 중 야외활동 하기가 가장 좋은 계절이라
사람들도 북적인다.

(사진 라승구)

남극의 여름은 보통 11월에 시작해서 대략 다음 해 2월 말이면 마무리된다. 기온도 바닷물의 온도도 가장 높은 시기다. 세종기지에서는 무엇보다 낮의 길이가 일 년 중 가장 길어서 무려 20시간 이상이다. 여름이라 해도 주변의 산등성이에는 흰 눈이 있고 바다에는 얼음이 둥둥 떠다니지만, 남극의 야생생물들에게 남극의 여름은 그야말로 녹음이 한창인 여름과 같다. 바다에서는 햇빛을 받아 식물플랑크톤이 급속하게 자라서 크릴을 비롯해서 해저에 살고 있는 조개, 멍게, 갯지렁이, 불가사리 등 많은 해양생물들을 먹여 살린다. 바다에는 물개, 해표, 펭귄들로 붐비고 고래들도 모여든다. 펭귄들은 짝짓기를 하고 알을 낳고 새끼를 키우고, 어린 새들과 해표들은 풍족해진 먹이로 부지런히 몸집을 키워 나간다.

1 대륙의 끝에서 세상의 끝으로

대원들을 이끌고 남극의 관문인 칠레 최남단도시 푼타아레나스에 도착한 것은 2014년 11월 29일. 아직 남극의 본격적인 여름이 시작되기 전이었다. 일주일 전 남극에 있는 활주로에 브라질 수송기가 동체 착륙을 하는 바람에 활주로가 폐쇄되어 우리 팀은 푼타아레나스에서 9박 10일을 대기하며 보내야 했다. 온 동네를 구석구석 돌아다니고 음식점 탐방을 하고 기념품 가게를 기웃거려 보기도 했지만 이 조그만 도시에서 일주일 이상을 보내는 것은 정말 지루했다. 언제 출발할지 모르는 항공기를 기다리며 24시간 대기 상태에 있어야 했기 때문에 멀리 여행을 갈 수도 없는 처지였다. 남극으로 가는 관문을 통과하기가 만만치 않음을 느껴야 했다. 하지만 남미대륙의 최남단 도시인 푼타아레나스에는 곳곳에 남극과 관련된 역사와 과거 번성했던 시절의 흔적이 오밀조밀 남아 있어 나름 알차게 시간을 보낼 수도 있다. 파나마운하가 개통되기 전에 모든 선박들은 이곳을 지나갔기 때문에, 불과 수십 년 전만 해도 호황을 누리던 항구도시였다. 최근 몇 년 동안 세워진 카지노호텔과 몇몇 높은 빌딩들을 제외하면 이곳 시가지는 200년 전의 모습과 똑같다. 고래잡이의 전초기지였던 이곳에는 한때 고래잡이로 부자가 된 부호의 저택이 박물관으로 탈바꿈해 남아 있고, 도로명칭 등에서도 과거 남극활동의 흔적들을 발견할 수 있다.

이곳에는 또 칠레 남극연구의 거점인 칠레남극연구소INACH가 있다. 소장인 호세 레타말레스 박사는 이전부터 이런저런 국제회의에서 자주 만나 안면이 있었는데 기약 없이 대기 중인 우리 팀을 걱정하며 공군기지에 상황을 알아봐주겠다고 했다. 나와 총무, 연구반장을 저녁식사에 초대했는데, 부인과 대학생 아들도 함께 자리를 했다. 이곳 토박이인 호세는 이곳에 있는 마젤란대학에서 화공학을 전공한 후 영국 유학을 하였고 유학 중 오스트리아인인 부인을 만나 결혼하게 된 것이며, 귀국해서 강단에 섰다가 피노체트 군사정권 이후 마젤란대학 학장이 된 것 등을 시시콜콜 이야기하였다. 아들과 딸의 근황에 대해서도 즐거운 듯이 얘기했다. 타인에게 그것도 외국인에게 개인사에 대해 얘기한다는 것은 대단한 호의다. 그것도 가족을 동반한 저녁식사 자리에서 말이다. 기분이 좋은 한편 부럽기도 했다. 단란하고 화목한 그리고 탄탄한 교육이 엿보이는 가족이었다. 애향심이 남다른 그는 낙후된 오지인 푼타 지역을 활성화시킬 수 있는 이슈가 '남극'이라고 생각하고, 노력 끝에 산티아고에 있는 칠레남극연구소를 2003년 푼타아레나스로 이전하는 데 결정적 역할을 하게 되었고, 연구소 소장이 되었다. 자신이 태어나고 자란 고향에 대한 자부심과 애정이 있는 호세와 같은 몇 사람만 있어도 이렇게 오지의 도시가 달라질 수 있다는 것은 신선한 충격이었고, 호세가 달리 보였다. 호세는 두 달 후 남극으로 와 세종기지도 방문하였다. 이렇게 남극에서 만난 사람들과의 인연은 특별하고 소중하다.

12월 8일 드디어 오랜 기다림 끝에 설레는 마음으로 모두들 푼타아레나스의 '댑DAP' 항공회사에서 임차한 비행기에 몸을 실었다. '댑'은 소형비행기와 헬리콥터를 운영하면서 주로 남아메리카

파타고니아와 남극 오지 탐험을 즐기는 사람들을 대상으로 소위 모험관광 프로그램을 운영하는 회사인데, 우리나라는 수년 전부터 이 회사로부터 항공기를 임차해서 연구원들이 남극을 오고가는 교통편을 제공하고 있다. 약 50명 정도가 탈 수 있는 이 소형비행기에는 우리 팀 말고도 외국인들이 십 수 명이 되었다. 3시간이 채 못 되는 비행을 하고 남극 킹조지섬에 있는 칠레공군기지 내 활주로에 착륙했다. 20여 년 전 뱃멀미를 하며 4박 5일이나 걸리던 길을

그림 1-1
남극 킹조지섬 공항에 막 도착한 대원들이 세종기지로 가는 고무보트를 타기 위해 해변으로 걸어가고 있다. (사진 홍준석)

이젠 스튜어디스가 서빙해주는 스낵까지 먹으면서 여유 있게 도착하다니! 처음부터 이렇게 쉽게 남극을 오는 사람들은 남극이 별거 아니라는 생각이 들 수도 있을 것 같다.

칠레공군기지 내 활주로에만 눈이 치워진 채로 주변은 온통 눈이 수북하게 쌓인 상태였다. 근처에는 동체 착륙한 브라질 수송기가 망가진 모습으로 덩그러니 있었다. 일반 차량이 다니는 도로에는 눈이 치워지지 않아 특수 차량 외에는 운행이 불가능했다. 할 수 없이 우리를 세종기지로 데려다 줄 고무보트가 있는 해변까지 수백 미터를 무릎까지 눈에 푹푹 빠지면서 걸어가야 했다. 그것도 짐을 등에 지고 손에 들고서 말이다(그림 1-1). 제대로 남극 도착의 신고식을 한 셈이었다.

아직 여기저기 눈이 수북이 쌓여 있었지만 생명으로 가득 찬 풍요로운 계절이 시작되고 있었다. 눈이 녹아 드러난 해안가와 산중턱에는 지의류와 이끼들이 모습을 드러내고 그동안 하얗기만 했던 대지를 알록달록하게 물들이고 있었다(그림 1-2). 펭귄들은 해안가에 옹기종기 모여 있다가 사람들이 가까이 가면 후다닥 물속으로 들어가 빠르게 헤엄쳐 도망갔다. 월동대장이라는 막중한 임무를 맡은 나는 기지에 도착하자마자 인수인계를 받고 업무파악을 하느라 대원들과 정신없이 바쁜 시간을 보냈다. 전임 월동대원들을 떠나보내고 난 후에는 겨우살이에 필요한 보급품 하역, 기지시설을 살피고 세종기지를 들고 나는 연구원들을 바다 건너편 비행장에 데려오고 데려다주고, 연구 활동에 필요한 지원을 해주면서 눈코 뜰 새 없이 바쁜 시간을 보냈다. 1988년 2월 세종기지 개소 이후 가장 많은 사람들이 체류했는데, 이들을 먹이고 필요한 지원을 해주는 것이 보통 일이 아니었다. 무엇보다 사람들이 안전 수칙을 각인시키고 야외조사를 나갈 때면 기지로 복귀할 때까지 신경을 써야 했다. 기지시설 신축 건설 팀까지 여름 내내 60~80명의 인원이 기지에서 북적거렸다. 2월에는 역대 가장 많은 외국인 과학자(8개국, 15명)가 기지에 머물렀다. 외국인들이 기지에 오면 책잡힐 일이 없나 해서 무척 조심스럽다. 우리 문화와 연구 활동에 긍정적인 이미지를 갖도록 홍보도 하고 신경도 써야 했다.

그림 1-2

눈이 녹자 드러나는 세종기지 주변의 알록달록한 지의류와 이끼류

12월 초에 오기로 한 보급물자를 실은 선박이 칠레에서 규정 위반으로 출항을 못하고 있었다. 결국 한 달이나 늦게 보급선이 도착했는데 개인적으론 한 달간 간단히 챙겨 온 것만 갖고도 불편함을 못 느꼈다. 나름 일 년 동안 남극에서 살려면 이것저것 필요할 것 같아 옷가지를 비롯해서 기호품, 책 등 잔뜩 보급품으로 보냈는데, 공연히 너무 많은 짐을 보냈다는 생각이 들었다. 마음을 비우고 최소한의 것으로 살아볼 수 있는 좋은 기회였는데! 세상의 습관을 끊는다는 것은 참 어려운 것 같다.

하지만 여름 동안만 이곳에서 연구를 해야 하는 연구원들의 경우는 물품이 제때에 도착하지 않아 걱정이 이만저만이 아니었다. 남극에서는 흔하게 일어나는 일이다. 또 변덕이 심한 날씨로 야외 조사를 못하는 경우가 빈번하다. 모든 것이 안전을 최우선으로 하다 보니 계획한 대로 일을 마친다는 것은 기적과 같다. 그래서 일정을 좀 넉넉히 잡아야 한다. 일주일 연구를 해야 할 것 같으면 이주일로 일정을 짜야 한다. 기온이 영상을 웃돌지만 바람이 세게 불고 습도가 높아 으스스 한기가 느껴지곤 한다. 또 낮 시간이 20시간이나 되기 때문에 자는 것도 잊어버리고 무리해서 일을 하다보면 며칠 못가 몸살이 나고 만다. 그래서 밖이 훤하더라도 암막 커튼을 치고 규칙적으로 잘 때 자고 일어날 때 일어나야 한다.

바쁜 일과 중에서도 해안가에 옹기종기 모여 있거나 물속에서

그림 1-3
수면 위를 나는 젠투펭귄 (사진 임완호)

어뢰처럼 수영하는 펭귄들, 고래들, 해안가에 늘어져 누워서 일광욕을 하는 웨델해표 등을 수시로 볼 수 있는 것은 하루의 피로를 날리는 청량제가 되곤 했다. 세종기지가 바닷가에 있는 것에 감사하곤 했다. 물론 대부분의 남극과학기지들이 보급 등의 편리함 때문에 바닷가에 있지만 내륙에 있는 기지들의 경우에는 혹독한 날씨는 물론이거니와, 볼 것이라고는 하얀 눈과 얼음 밖에 없기 때문이다.

2 야생생물의 보고 남극특별보호구역

한국에서는 동물원에서나 볼 수 있는 희귀한 생물들을 야생상태에서 보는 것은 색다른 감동을 안겨준다. 남극에서 지내는 보람을 느끼는 순간이기도 하다. 정신없이 기지 인수인계를 하고 도착한

극지과학자가 들려주는 남극의 사계 - 여름, 가을, 겨울 그리고 봄

지 한 달여 만에 세종기지에서 동남쪽으로 약 2킬로미터 떨어진 곳에 있는 남극특별보호구역Antarctic Specially Protected Area(ASPA) No. 171, Narebski Point(일명 '펭귄마을')에 몇몇 대원과 다녀왔다(그림 1-4). 남극에는 특히 야생생물들이 밀집해 서식하고 있는 곳이나 희귀한 동물이나 식물이 있는 곳, 자연경관이 뛰어난 곳 등을 특별보호구역으로 지정해서 관리해 오고 있다. 세종기지가 있는 킹조지 섬에는 7개의 남극특별보호구역이 있는데, 그 중 기지에서 가장 가까운 곳이 동남쪽으로 약 2킬로미터 떨어진 곳에 있는 '펭귄마을'이다. 우리나라가 남극조약에 지정신청을 해서 승인받은 최초의 국외특별보호구역이다(안인영, 2007). 나는 이곳을 특별보호구역으로 설정하기 위해 2006~2007년 현장조사를 수행했고, 최

그림 1-4

펭귄마을 남극특별보호구역(ASPA No. 171, 나레브스키포인트). 크릴을 사냥하기 위해 물속에 뛰어드는 펭귄들(58쪽, 사진 이동훈)과 펭귄마을 입구에 세워진 보호구역 표지판(59쪽)

남극특별보호구역 '펭귄마을' 전경 (사진 임완호)

종적으로 2009년에 보호구역으로 설정되어 이후 우리나라 과학자
들이 매년 여름 이곳에서 펭귄의 개체수와 부화율, 새끼들의 생존
율 등을 조사하면서 관리해오고 있다. 이곳에 출입하기 위해서는
과학 활동, 생태계 보존활동 등에 국한되고 정부에서 허가를 받아
야 한다. 현재 남극에는 75개의 남극특별보호구역이 있다(http://
www.ats.aq/e/ep_protected.htm 2017-8-20 접속).

지난 20여 년간 수차례 펭귄마을을 다녀 온 경험이 있는 나는 특별한 느낌이 있는 건 아니었지만, 처음 가보는 대원들은 소풍가는 아이들처럼 입이 벙긋벙긋했다. 물론 펭귄을 펭귄마을에서만 볼 수 있는 것은 아니지만 펭귄마을의 특이한 점은 일만여 마리가 집단 서식하고 있는 점이다. 바닷가 기암절벽과 촛대 바위를 배경으로 산등성이가 온통 펭귄들로 덮여 있는 광경은 장관이 아닐 수 없다(그림 1-5). 그것도 앙증맞은 새끼들을 꼭 품고 있으니 말이다. 이곳에 자주 가면 알에서부터 어미 크기로 성장하는 일련의 과정을 다 볼 수 있는데 펭귄 연구를 하는 연구원들 빼고는 각자의 일이 바빠 자주 가 볼 수 없는 것이 아쉽다.

내가 처음으로 남극에서 펭귄을 본 것은 1991년 12월 아들 유진이가 15개월 되던 때였다. 뭍 위에 올라온 펭귄들이 뒤뚱거리며 걷는 모습이 기저귀를 차고 막 걸음마를 시작하던 아들의 모습과 흡사해서 얼마나 마음이 찡했던가? 훌쩍 커버린 아들에게 더 이상 펭귄의 모습이 보이지 않지만 펭귄들은 20여 년이 지난 오늘도 변함없이 바쁘게 움직이고 있었다. 높은 언덕길을 뒤뚱거리며 내려와 처벅처벅 물속으로 들어가 어뢰처럼 빠르게 수영을 하면서 크릴 사냥을 했다. 그리고 경사진 언덕길을 힘겹게 올라가 둥지에 있는 새끼들에게 위 속에 담아 온 크릴을 토해 내 먹였다(그림 1-6). 펭귄도 조류인지라 화창하고 바람이 약한 날에는 이곳 세종기지까지 양계장 냄새가 진하게 밀려온다. 여름철 '펭귄마을'은 일부 지역을 제외하고는 완전히 눈이 녹아 여기저기 개울과 웅덩이가 만들어지고 녹색의 담수조류*Prasiola crispa*가 거의 전 지역을 덮고 있어 마치 잔디밭 같기도 하다(그림 1-7).

펭귄마을의 펭귄 둥지는 얼마나 오래 되었는지 궁금했다. 언제부터 펭귄들이 이곳에 와 짝짓기를 하고 알을 낳고 새끼를 키우기 시작했을까? 중국과학자의 연구 결과에 의하면 이곳의 펭귄마을의 펭귄 둥지는 80년 정도 된 것으로 추정되고 있다(Zhu et al. 2005). 다른 남극토착조류인 스노우페트럴의 경우는 둥지의 연대가 3만 년 정도 된 것도 있다고 한다(Hiller et al. 1988). 그 오랜 세월 수백, 아니 수천 세대가 이어져 온 것이다. 이에 비하면 펭귄마을의 둥지는 아주 최근에 형성된 것이라고 할 수 있다. 매년 여름

그림 1-6
새끼에게 위 속에 담아 온 크릴을 토해 내 먹이고 있는 젠투펭귄 (사진 임완호)

그림 1-7
펭귄마을의 여름. 녹색의 담수파래가 땅을 뒤덮고 있어 마치 잔디밭 같다. (사진 임완호)

이곳에 와서 연구하는 우리나라 과학자들에 의하면 펭귄마을에는 약 일만여 마리의 젠투펭귄과 턱끈펭귄 이렇게 2종의 펭귄이 사는데 매년 숫자가 늘었다 줄었다 한다고 한다. 기후변화의 여파로 생각되지만 기상변화 때문인지, 먹이인 크릴양의 변화 때문인지 정확한 원인을 찾기 위해 노력하고 있다. 최근 TV 방영된 한 프로그램에서 남극 어느 지역의 펭귄둥지가 온난화로 무너져가는 것을 보여주었다. 펭귄들은 안전한 다른 곳으로 이주하기보다는 자신들의 둥지를 고수하면서 같이 바닷속으로 무너져 내리는 안타까운 영상이었다. 세종기지 펭귄마을은 기후변화에 무너지지 않고 오래오래 보존되었으면 하는 바람이다.

펭귄마을 식구들 펭귄마을 보호구역에는 펭귄뿐 아니라 다양한 야생동물들이 살고 있다. 펭귄 알이나 새끼들을 잡아채려고 호시탐탐 기회를 엿보는 도둑갈매기, 자이언트페트릴이 공중을 선회하고(그림 1-8) 앞바다에는 표범해표 여러 마리가 언제든지 펭귄이 물속에 들어오기만 하면 잡아먹을 준비를 하고 물 밖에 머리만 내어 놓고 기다리고 있다(그림 1-9). 그 모양이 흡사 물에 둥둥 떠 있는 수박 같다. 하늘과 바다 양쪽에서 적을 경계해야 하는 펭귄들은 늘 경계의 끈을 늦출 수가 없다. 특히 표범해표는 어미 펭귄들도 어쩌지 못하는 공포의 대상이 아닐 수 없다. 펭귄마을에 빌

붙어 사는 칼집부리물떼새Snowy sheathbill는 포식자들이 남긴 사체, 해안가 조그만 해양생물들 가리지 않고 닥치는 대로 먹고 산다. 정말 생명력이 대단한 새이다. 칼집부리물떼새는 한겨울에도 멀리 이동하지 않고 세종기지 부근에 와서 이것저것 닥치는 대로 먹으면서 살아간다(그림 1-10).

그림 1-8

펭귄마을의 최강 포식자, 도둑갈매기 (왼쪽)펭귄 새끼를 노리고 공중을 선회하고 있다.
(오른쪽)드디어 펭귄 새끼 한 마리를 사냥했다. (사진 임완호)

도둑갈매기Skua, *Stercorarius spp*는 '스쿠아'라고도 불리는데 겨울이 되면 따뜻한 북쪽으로 이동했다가 봄이 되면 다시 남극으로 돌아오는 철새다. 적도를 넘어 북반구 고위도 지방까지 이동한다. 세종기지 근처 연못 주변에 집단으로 서식하면서 여름철에 두 개의 알을 낳는다. 번식기에는 매우 공격적이기 때문에 둥지 근처에 접근할 때는 조심해야 한다. 맹금류인 도둑갈매기는 물고기나 크릴 등 해양생물을 주먹이로 하지만 펭귄 알과 새끼, 자신들보다 몸집이 작은 새들을 공격하거나 사체 등을 먹기도 한다. 또 갈매기 등 다른 새들이 잡은 먹이를 빼앗아 먹기도 한다. 여름철 부화한 펭귄 새끼들에게 가장 위협적인 존재다.

그림 1-9

펭귄마을 앞바다에서 표범해표에게 잡아먹히는 턱끈펭귄 (사진 김한규)

그림 1-10

펭귄마을 길목을 지키고 있는
칼집부리물떼새 (사진 정경철)

한 달이나 늦어진 보급품을 우여곡절 끝에 간신히 받고, 1월 초에는 모처럼 인근기지인 아르헨티아 칼리니Carlini기지를 방문하면서 인접한 또 다른 남극 특별보호구역 포터반도ASPA 132, Potter Peninsula에도 다녀왔다. 세종기지에 온 이후 칠레공군기지를 비롯한 인근기지는 인사차 방문 기회가 있었지만, 아르헨티나 기지는 한 달이 다 되어 가도록 방문 기회가 없었다. 칼리니기지는 다른 기지들에 비해 거리는 가깝지만 바닷길이 험한 편이어서 안전상 날씨가 아주 좋을 때만 방문하는 것을 원

칙으로 했기 때문에 여간해서는 기회를 마련하기가 쉽지 않았다. 칼리니기지는 2011년까지 해군 파일럿인 호세 쥬바니의 이름을 따 쥬바니Jubany기지로 불리웠으나 2012년부터 알레한드로 리카르도 칼리니 박사Alejandro Ricardo Carlini, 1963~2010의 이름으로 변경했다. 남극해양생물학자인 칼리니 박사는 2010년 남극에서 연구를 하던 중 사망하였다고 한다. 칼리니기지 대장의 설명으로는 이름을 바꾼 것은 아르헨티나기지가 더 이상 군사기지가 아닌 과학기지임을 강조하기 위해서라고 한다.

그림 1-11
포터반도 남극특별보호구역(ASPA No. 132)을 탐방하는 연구원들

극지과학자가 들려주는 남극의 사계 - 여름, 가을, 겨울 그리고 봄

아르헨티나기지 코끼리해표 마을 조류학자인 서울대 이우신 교수가 이곳의 보호구역에 있는 남방코끼리해표Southern elephant seal, *Mirounga leonina*를 꼭 보고 싶다고 몇 번이나 간곡히 부탁하기도 하고 해서 겸사겸사 모처럼 날씨가 좋은 날 연구원들과 함께 칼리니기지를 다녀오기로 했다. 날씨도 좋고 가는 도중에 멀리 고래도 보이고, 대부분의 연구원들이 이 특별보호구역에는 처음 가보는 것이라 모두들 소풍 가는 듯 기분이 들떠 있었다. 칼리니기지 대장 마틴 오베야는 30대 중반의 내성적 성격의 육군중위였는데 4시간 정도나 걸린 기지시설 시찰, 보호구역 탐사에 내내 함께 하면서 친절하게 이곳저곳을 보여주며 설명을 해주었다. 마르셀라라는 여성 조류학자가 동행해 주었는데 영어를 잘 못해 금발의 잘생긴 통신대원인 마티아스가 마르셀라의 스페인어 설명을 영어로 번역해 주었다.

이곳 보호구역은 펭귄마을(약 0.9제곱킬로미터)보다 면적이 넓고(약 2.17제곱킬로미터), 서식하는 생물들도 다양했다. 특히 펭귄마을에서는 보기 힘든 코끼리해표가 번식기인 여름철에 200~600마리 정도가 해변에 모여든다고 한다(그림 1-12). 또 좀 떨어진 산등성이에는 세종기지 근처에는 몇 개 안 되는 자이언트페트럴 둥지가 수십 개가 있었다. 이 새는 매우 예민해서 사람이 가까이 가면 스트레스를 받고 알도 낳지 못한다고 한다. 세종기지 인근 가야

포터반도 보호구역의 코끼리해표 무리들 (사진 정진우)

포효하는 코끼리해표
(사진 임완호)

봉에 이 새의 둥지가 있는데 최근에는 알을 까지 못했다. 최근 이 근처에 연구원들이 많이 가서 연구 활동을 하는데 아마도 영향을 준 것이 아닐까? 과학자들이 환경과 야생생물을 보호한다는 미명 아래 하는 활동이 이들에게 피해를 주는 것이 아닌지? 간혹 자책감이 들기도 한다. 비단 자이언트페트럴뿐이 아니다. 남극의 모든 야생생물들은 '탄광의 카나리아'와 같은 존재다. 우리 모두 더욱 세심한 주의를 해야 할 것이라고 생각한다. 칼리니기지 인근 보호구역을 대장을 비롯하여 아르헨티나 학자들이 4시간 내내 동행하며 안내해 준 것은 친절을 베풀려는 것도 있지만, 보호구역의 야생생물을 철저하게 보호하기 위한 감시 목적도 있었던 것 같다. 그만큼 환경과 야생동물들을 보호하려는 소명 의식이 크기 때문이겠지.

펭귄마을보다 보호구역의 면적이 넓어서 그런지 세종기지 주변에서 보기 힘든 야생동물들이 훨씬 많은 것 같았다. 모두 돌아보기에는 시간이 부족해 아쉽지만 보호구역 초입만 보고 돌아올 수밖에 없었다. 출발할 때는 비교적 잔잔했던 바다가 돌아올 때는 파도가 거세져서 물벼락을 잔뜩 맞고 세종기지에 도착하니, 부두 앞에는 유빙이 잔뜩 몰려와 있었다. 정말 예측불허로 수시로 변하는 곳이 이곳 날씨다.

3 자연의 조각 전시장, 남극 바다

이곳 1월은 이곳의 야생생물뿐 아니라 인간에게도 성수기라 할 수 있는데 이곳 남극의 야생동물들에게 우리 인간은 반갑지 않은 외래종의 출몰일 게다. 과학자뿐 아니라 관광객, 기지운영자 등 방문객도 많고 각국 기지에서 창립일, 신구대원 교대식 등 행사도 많다. 세종기지가 있는 킹조지 섬은 우리나라를 포함한 8개국(한국,

중국, 러시아, 칠레, 우루과이, 아르헨티나, 브라질, 폴란드)이 모두 9개 (칠레는 2개) 상주기지를 운영하면서 서로 긴밀하게 교류하는 '남극의 지구촌'이라 할 수 있다. 해군이나 공군 등이 기지를 관리하고 지원활동을 하고 있는 남미국가들과는 달리, 자체 수송수단이 없는 우리나라는 칠레공군수송기와 민간임차항공기 또는 선박에 의존하고, 칠레공군 관할 하에 있는 활주로를 사용하기 때문에 이

들 국가와의 협력이 절대적으로 필요하다. 그래서 열심히 주변 기지의 행사에 참여하고 해서 친선 관계를 돈독히 해놓아야 한다. 칠레해군기지 필데스기지 창립행사에 참석하기 위해 고무보트를 탔는데 모터에 얼음이 턱턱 걸리는 소리가 났다. 바다는 고요한데 얼음조각들이 잔뜩 떠 있었다. 속도를 줄여야만 했다.

(사진 정호성)

(사진 이정훈)

그림 1-14

세종기지 주변에서 볼 수 있는 다양한 크기와 모양의 빙산들

극지과학자가 들려주는 남극의 사계 - 여름, 가을, 겨울 그리고 봄

이 얼음조각들을 유빙遊氷이라고 하는데, 모양도 크기도 매우 다양하다. 백조 모양, 토끼 모양, 표범해표 머리 모양… 투명한 것, 새까만 것, 얼룩덜룩한 것, 첨탑 모양 등 정말 각양각색으로 온 바다가 조각품 전시장 같았다. 정말 조그만 바다에 천의 얼굴이 있었다. 프랑스의 저명한 조각가 로댕의 작품들이 이보다 더 아름다울까! 특히 물 위에 드러난 부분이 5미터가 넘으면 빙산이라고 하는데 세종기지에서도 좌초되어 있거나 떠다니는 빙산을 자주 볼 수 있다(그림 1-14). '빙산의 일각'이라는 말처럼 큰 바다에 떠 있는 빙산은 둘레가 수 킬로미터에 달하고 꼭대기 부분만 물 밖에 나와 있어서 전체 크기를 가늠하기가 어렵고, 항해할 때도 조심해야 한다.

기후변화로 무너지고 있는 마리안소만 빙하 절벽. 지난 60년간 약 1.9킬로미터 후퇴했다.

4 무너져 내리는 빙하

이렇게 기지 앞 바다에 떠 있는 크고 작은 얼음조각들은 남극대륙에서 떠내려 온 빙산이 점차 녹고 깨지고 부스러져서 생긴 것들도 있지만 여름철 세종기지 앞바다에서 우리가 보는 작은 유빙들은 대부분 인근 해안에 있는 빙하가 무너지면서 생겨난 것으로 보

인다. 세종기지가 있는 마리안소만 안쪽에도 수십 미터의 빙하 절벽이 있어서 여름철에 수시로 굉음을 내며 무너져 내린다(그림 1-15). 운이 좋으면 빙하 절벽이 무너지는 장관을 보트에서 구경할 수가 있다. 물론 빙하가 무너져 내린 후에는 쓰나미 같은 파도가 밀려오기 때문에 적어도 수백 미터 떨어진 곳에서 구경해야 한다. 빙하 절벽은 멀리서 보면 깨끗하고 투명한 얼음이지만 가까이 가보면 돌, 흙 등이 잔뜩 박혀 있고 초콜릿 케이크처럼 아주 시커먼 얼음도 있다. 바람에 날라 온 흙먼지 등이 얼음에 내려앉기도 하고 빙하가 흘러내려 오는 동안 주변에 있는 돌들이 박히기 때문이다. 그래서 무너져 내리면서 수많은 얼음조각들과 함께 탁한 흙탕물이 여기저기 바다로 흘러든다(그림 1-16). 마리안소만의 빙하 절벽은 지난 60년간 약 1.9킬로미터를 후퇴하였는데 최근에는 더 빠른 속도로 후퇴하고 있다. 이 여파로 특히 얕은 수심의 바다에 살고 있는 해양생물들은 무너져 내린 빙산이나 유빙에 수시로 깔리기도 하고, 흙탕물 속에 묻히기도 하면서 피해를 입고 있다(Moon et al. 2015). 또 바닷물이 탁해져 빛의 침투를 방해하고 결국 식물플랑크톤의 광합성을 저해하기도 한다.

우리는 빙하 후퇴로 바닷물의 성분이 어떻게 변하고 해양생물들에는 어떠한 피해를 주는지를 알아보기 위해 정기적으로 고무보트를 타고 바닷물의 온도와 염분을 측정하고, 성분 분석을 위해 물도

그림 1-16

빙하 절벽에서 바다로 흘러드는 흙탕물

뜨고 플랑크톤 같은 생물채집도 했다. 신나는 일처럼 보이지만 얼음이 둥둥 떠 있는 바다에서 작업을 하는 것은 쉬운 일은 아니었다. 유빙이 모터에 걸리지 않게 피해 가야 하고, 또 언제 무너져 내릴지 모르기 때문에 빙벽 가까이에서는 무척 조심을 해야 했다. 빙하가 천둥 같은 소리를 내고 무너지면 수많은 얼음조각들과 함께 거친 파도가 밀려오기 때문이었다. 얼음 위에서 뜻하지 않게 표범해표를 만나면 순간적으로 긴장이 되었다(그림 1-17). 근육질의 큰 몸집에 날카로운 이빨은 가히 위협적이었다. 수년 전 나와 같이 일하던 잠수부들이 물속에서 표범해표를 만나 혼비백산 뛰쳐나왔던 적도 있었다. 수년 전 영국기지에서는 스노클링을 하던 여성 해양학자를 물속으로 끌고 들어가서 익사시킨 적도 있었다. 이곳에서 가장 주의해야 할 야생동물이다.

그림 1-17
표범해표가 출몰하는 얼음 바다에서 해양조사를 하는 연구원들

표범해표Leopard seal, *Hydrurga leptonyx* 얼룩무늬가 표범과 닮았다고 해서 붙여진 이름으로 바다표범 또는 표범물범 등으로 불린다. 남극에 있는 해표 중 남방코끼리해표에 이어 두 번째로 큰 종이며, 남극의 먹이사슬에 최상위에 위치해 있다. 보통 몸길이는 2.4~3.5미터이고, 몸무게는 200~600킬로그램에 달하는데, 암컷이 수컷보다 약간 크다. 남극연안과 아남극 지역에 흔하지만, 오스트레일리아, 남아프리카, 남부 뉴질랜드 등에서도 발견되기도 한다. 최대수명은 약 26년이다. 표범해표의 유일한 천적은 인간을 제외한 범고래뿐이다.

극지과학자가 들려주는 남극의 사계 - 여름, 가을, 겨울 그리고 봄

5 세종기지 해양생물들

남극을 오가는 많은 사
람들은 해변이나 육상에서
쉽게 볼 수 있는 펭귄, 물
개, 바닷새들 그리고 고래
만 있는 줄 알고 있다. 하지
만 크고 작은 얼음이 둥둥
떠 있는 세종기지 앞바다
에는 해양생물학자인 내가
보기에도 놀라우리만치 많
은 생물들이 살고 있다.

그림 1-18

세종기지 앞바다 해양생물을 채집
하기 위해 잠수하고 있는 연구원들
(사진 라승구)

수심에 따라 달라지는 세종기지 앞바다 해양무척추동물들

    내가 지난 20여 년간 연구해 온 큰띠조개뿐 아니라 우리 바다에서 쉽게 볼 수 있는 불가사리, 말미잘, 멍게, 갯지렁이, 산호 들이 모두 살고 있다(그림 1-18, 그림 1-19). 물론 한국에서 보는 것들과 같은 종은 아니고 남극 바다에 적응할 수 있도록 진화된 남극토착종이다.

"남극 바다 속에 어떤
생물이 살고 있는지
아직 조금밖에 모르는데
이들이 기후변화로
사라져간다면 얼마나
슬픈 일일까?"

남극 해양생물들은 현재 진행되고 있는 기후변화에 매우 취약
한 '탄광의 카나리아'다. 온난화로 일어나는 빙하 후퇴뿐 아니라
해양산성화*로 인한 피해도 매우 심각할 것으로 예상되고 있다. 특

* 해양산성화란?
지구온난화의 주범인 화석연료 사용으로 대기 중에 배출된 이산화탄소는 대기 온도만 상승시키는
것이 아니다. 대기 중 증가된 이산화탄소는 바다에 흡수되어 탄산으로 변화되면서 해수의 산도가
높아지게 된다(pH가 낮아짐). 이 현상을 해양산성화라고 한다. 산호나 조개처럼 석회질 패각을 갖고
있는 해양무척추동물들이 해양산성화에 가장 취약한데, 일례로 최근 호주의 대산호초의 면적이 급
속도로 감소하고 있는 것이 그것이다. 남빙양 해양생물들도 마찬가지로 해양산성화를 피해 갈 수
없다.

그림 1-20
조간대 돌이나 해초에 붙어 무성하게 자라는 규조류

히 석회질 껍질을 갖고 있는 조개, 성게, 산호, 불가사리 등 해저에 살고 있는 무척추동물들이 직접적 영향을 받을 것으로 예상하고 있다.

조간대에서 만나는 해양생물들 남극 바닷가의 특이한 점은 아주 드문 경우를 제외하곤 모래사장이나 개펄이 없다는 것이다. 대부분이 자갈밭인데, 이곳도 수시로 유빙이 얹히거나 겨울 내내 꽁꽁 얼어버리거나 해서 움푹 패여 있거나 판판히 다져져 있는 경우가 많다. 얼핏 보면 눈에 띄는 생물들이 없어 불모지처럼 보인다. 그러나 이곳에도 많은 생물들이 살고 있다. 자갈을 뒤집어 보면, 아주 작은 고둥, 옆새우, 거머리 같은 작은 벌레들이 우글우글

하다. 노르스름하게 이끼처럼 보이는 것은 광합성을 하는 단세포 식물인 규조류Diatom다(그림1-20). 규조류는 규산염으로 된 딱딱한 껍질을 갖고 있어 돌말류라고도 하는데 전 세계 바다에 흔하며 특히 남극 바다에서 가장 중요한 광합성을 하는 기초(유기물)생산자로 크릴 등 초식동물의 주요 먹이다. 세포 모양이 기하학적이고 아름다워 디자인에도 많이 활용된다. 물에 떠 있는 플랑크톤과 해저나 다른 생물 또는 돌 등에 부착해서 사는 **저서규조류**가 있다.

그림 1-21

세종기지 앞바다에 살고 있는 다양한 옆새우들. 바다새와 어류의 훌륭한 먹잇감이다.

옆새우Amphipod 단각류라고도 하며, 몸이 옆으로 눌린 것처럼 납작하다고 해서 옆새우라고도 불린다. 세종기지 조간대 해안이나 수심이 얕은 곳에서 흔히 볼 수 있으며 최소 수십 종이 살고 있다. 일년 내내 볼 수 있는데 특히 먹잇감이 귀한 겨울에 새들의 중요한 먹이다. 크기도 수 밀리미터에서 수 센티미터로 매우 다양하고 바위에 붙어 있는 규조나 해초부스러기, 동물의 사체 등 닥치는 대로 먹는다.

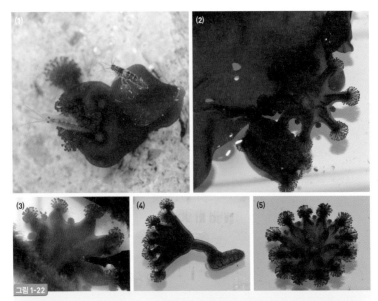

그림 1-22

고착해파리*Haliclystus antarcticus*. 조간대 해초나 자갈에 부착해서 살며 옆새우 등을 사냥해서 먹는다(1). 홍조류인 둥근비단잎*Iridea cordata*에 붙어 있는 경우가 많은데 색깔이 똑같아서 자세히 보지 않으면 알아보기 힘들다(2).일종의 자기방어를 위한 위장술인데 갈조에 부착할 때는 갈색을 띤다(3). 다른 동물 위에 부착하기도 한다(4). 보통 8개의 팔을 갖고 있으나 12개를 갖고 있는 경우도 있다(5).

썰물에 드러난 웅덩이에는 해초와 규조류가 무성하게 자라고 새우처럼 생긴 조그만 옆새우들이 빠르게 왔다 갔다 한다(그림 1-21). 얕은 웅덩이 속에는 해초로 위장을 한 고착해파리Stalked jellyfish도 있다(그림 1-22). 남극조간대 해양생물은 거의 연구가 안 되었는데 최근에는 관심을 갖고 연구를 하는 과학자들이 늘어나고 있다. 호기심으로 바닷가 산책길에서 틈틈이 잡아 온 조간대

해양생물들을 이글루 안 수조에 넣어 키우곤 했는데 한번은 건너편 위버반도에 갔다가 해변에서 꼬마 문어를 주워오기도 했다(그림 1-23). 물속에 사는 문어가 어쩌다가 물 밖에 노출되었는지 모르겠는데 아마도 해안가 가까이 왔다가 파도에 떠밀려 해변에 올라온 것 같았다. 최근 독일 알프레드 베게너 극지해양연구소의 과학자들은 영하의 남극 바닷속에서 문어가 살 수 있는 이유는 혈액 속에 높은 농도의 헤모시아닌Haemocyanin이 있어 저온에서 산소공급을 잘 받을 수 있기 때문이라는 연구 결과를 발표했다(Oellermann et al. 2015).

그림 1-23

수조 안에서 먹물을 뿜어대는 꼬마문어. 해변에서 주워와서 수조에 넣어 키웠다. 크기는 작지만 다 자란 성체일 수 있다. 드물지만 가끔 이렇게 작은 문어가 잡힌다.

6 앗! 눈앞에 크레바스가: 칠레 해군 헬리콥터 탑승기

　내가 월동을 했던 해는 하계기간에 역대 기지 체류 인원이 가장 많았다. 수시로 들고 나는 인원을 감안하더라도 여름 내내 60~80명 되는 사람들이 기지에 있었기 때문에 매우 분주한 시간을 보내야 했다. 2월 말 마지막 하계연구팀들이 떠나고 나서야 우리 대원

그림 1-24

헬기에서 내려다 본 마리안소만 빙하 절벽. 수많은 크레바스가 보인다. (사진 정경철)

극지과학자가 들려주는 남극의 사계 - 여름, 가을, 겨울 그리고 봄

들은 한숨을 돌릴 수 있었다. 이때부터 본격적인 겨우살이 준비에 들어갔다. 강풍과 혹한에 견딜 수 있게 출입문과 장비 들을 보수하고, 유류탱크 청소, 발전기 등 중요시설물, 기상타워나 관측 장비들을 집중 점검해야 했다.

여름이 서서히 저물어가는 3월 중순 바다 건너편 칠레 해군기지 대장 이반이 부하들과 함께 헬리콥터를 타고 우리 기지 근처에 있는 등대에 페인트칠을 하러 왔다. 무심히 지나치곤 했던 등대가 칠레해군이 관리하고 있다는 것도 처음 알았다. 페인트 통을 들고 등대까지 걷기에는 다소 거리가 있는 것 같아 트럭으로 데려다 주었더니 고맙다며 헬리콥터를 한 번 태워주겠다고 했다. 눈치를 보아하니 대원들이 타고 싶어 하는 것 같아 양보를 하였더니, 한 차례 더 태워주겠다고 했다. 대장인 나를 꼭 태워주고 싶어 하는 것 같아 두 번째 비행에 탑승했다.

그런데 장난기가 발동했는지 곡예비행을 하는 것이었다. 빙하와 크레바스가 눈앞에 갑자기 다가와 거의 부딪힐 것만 같았다. 3D 영화의 스크린이 눈앞에 펼쳐졌다. 수없이 갈라져 입을 벌리고 있는 크레바스들이 손을 뻗으면 닿을 듯이 다가왔다. 바다가 머리 위로 올라왔고, 거대한 하얀 빙벽이 상승하는 헬기 앞에 높다랗게 있었다. 곧 부딪칠 것만 같았다. 공포감에 눈을 꼭 감았다. 이 와중에 카메라 셔터를 누르고 있는 대원들은 뭐람!

2장
가을(3~5월): 페이드아웃Fade-Out

풍요로웠던 여름도 3월이 되면서 모든 것이 조금씩 변화하기 시작했다. 여름의 그 길고도 강렬한 해가 짧아져 가고 힘을 잃어 가면서 주변의 풍경이 빠르게 변해가기 시작했다. 영상을 웃돌던 기온이 조금씩 내려가서 영하로 떨어지는 날이 빈번해지고 눈이 오는 날도 많아졌다. 바위와 땅 위를 수놓았던 형형색색의 지의류와 이끼들은 눈에 덮이고 얼어붙기 시작했고 주변 산등성과 해안가 자갈밭들도 하얗게 변해버리곤 했다. 펭귄마을의 둥지는 텅 비어 가고 어미와 선뜻 구별이 안 갈 만큼 다 자란 어린 펭귄들이 어리버리한 모습으로 해변을 서성이고 있었다. 자못 위협적으로 자신들의 영토를 사수하던 도둑갈매기 떼들도 점차 수가 줄어들고, 어미로부터 독립한 어린 해표들은 해변에 홀로 남겨진 채 겁먹은 표정으로 경계를 하였다. 겨울이 성큼성큼 다가서며 생명현상이 하나 둘씩 사라져 가는 듯했다.

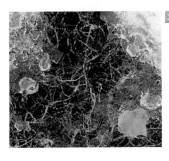

그림 2-1

(왼쪽)눈과 바람과 지의류 군락이 만들어 낸 풍경
(오른쪽)얼음 옷을 입은 지의류

1 위버반도 호수의 빨간 요각류 떼

그림 2-2

세종기지 앞바다 건너편에 있는 위버반도 작은 언덕 위에는 2개의 큰 호수가 있다. 살얼음이 덮인 호수에서 헤엄치던 1~2밀리미터의 아주 작은 빨간 요각류

3월 말인데도 영상의 따뜻한 날이 계속되었다. 북반구에서 말하자면 가을의 시작을 알리는 추분이 지났는데도 여전히 여름의 기운이 느껴지는 상황이라고 이해하면 된다. 날씨도 화창하고 바람도 잔잔해서 건너편 위버반도를 탐색해 보기로 했다. 사실 세종기지를 여러 번 왔지만 산 중턱에 크고 아름다운 호수가 2개나 있다고 하는데 해안가만 가보았을 뿐 산 위에 올라간 적은 없었다. 산이라기보다는 작은 언덕 같은 곳으로 비교적 오르기가 쉬웠다. 조금 올라가니 정말 큰 호수가 보였고 소금기 있는 바닷물과는 달리 민물이고 수심도 얕아서 벌써 살얼음이 덮였는데 그 밑으로 1~2밀리미터밖에 안 되는 아주 작은 물벼룩 같은 것이 떼를 지어 빠르게 헤엄치고 있었다(그림 2-2). 처음 보는 생물이어서 무척 신기했다.

병에 담아 와서 현미경으로 보니 몸통은 물론 더듬이까지 온 몸이 빨간 요각류였다. 요각류Copepoda라는 이름은 발 모양이 배를 젓는 노처럼 생겼다고 해서 붙여진 이름이다. 요각류는 갑각류의 일종으로 해수와 담수 모두에 서식하는 대표적인 동물플랑크톤이다. 일부는 해저에 서식하기도 한다. 이 요각류가 빨간색인 것은 카로틴계 색소 때문인데 남극의 강한 자외선으로부터 스스로를 보호하기 위해 진화해 온 결과라고 한다. 새로운 곳을 탐사할수록 꼭꼭 숨겨놓은 보물을 발견하는 것처럼 생명의 숨결은 이 혹한의 땅 여기저기에 살아 있었다. 정말 경이로운 곳이 아닐 수 없다!

2 마지막 잔치. 크릴 떼가 오다!

그림 2-3

3월의 마지막 주 세종기지 해변에 엄청나게 쌓인 크릴 떼. 바닷물도 핏빛으로 물들었다. 도둑갈매기, 자이언트페트럴, 재갈매기, 가마우지 등 바닷새들의 향연이 벌어졌다.

　3월 중순부터 하순까지 크고 작은 크릴Krill, *Euphausia superba* 떼가 수차례 밀려왔다. 바닷물이 핏빛으로 물들었다. 가끔씩 부둣가에서 내려다보면 투명한 몸체의 크릴 몇 마리가 수영하고 있는 것을 보곤 했지만 이렇게 엄청나게 많은 크릴을 해변에서 만나는 것은 처음이었다. 크릴은 물속에서 헤엄치고 있는 것들은 투명한데 죽어가면서 점점 붉은 색으로 변해가는 특징이 있다. 해변에 밀려온 대부분의 크릴이 죽거나 죽어가고 있다는 것을 알 수 있었다. 그러나 해변에 쌓여 있는 붉은 무더기 사이에서 아직도 살아서 꿈틀거리는 크릴도 많았다. 몇 마리 가져와 수조에서 키워보았더니

처음에는 투명하다가 죽어가면서 점점 붉은색으로 변했다. 얼음이 둥둥 떠다니는 바다에서는 건강하게 헤엄치지만 인위적인 환경에서는 며칠 못 살고 죽어버리는 것 같다. 그렇지만 아주 생명력이 강한 것들도 있다. 대표적인 것이 옆새우인데 수개월을 수조에 있으면서도 결코 죽는 것을 못 보았다. 얼음에 갇혀 있다가도 얼음이 녹으면 다시 활발하게 헤엄치곤 했다. 약하든 강인하든 혹한의 땅에서 살아남기 위한 전략일 것이다. 나름대로 다 이유가 있는 것이

다. 어디에 있다가 나타난 것인지 만찬을 즐기기 위해 갑자기 몰려든 수많은 새 떼들로 바닷가는 하루 종일 잔칫날 같은 분위기였다. 보통 때는 하늘 높이 나는 모습만 볼 수 있었던 자이언트페트럴도 여러 마리가 나타나 큰 몸집을 물 위에 띄우고 잔치에 참석했다. 해변을 따라 길게 펼쳐진 크릴 띠는 모두가 먹고 남을 정도로 풍족해 보였다. 3월 남극 바다가 긴 겨울을 준비하는 이곳 생물들에게 마지막으로 풍요롭고 넉넉한 잔칫상을 차려준 것 같았다.

　크릴은 난바다곤쟁이목에 속하는 새우와 비슷하게 생긴 갑각류로 남극 바다에서 가장 생물량이 많은 해양생물이다. 성체의 몸길이는 약 6센티미터, 몸무게는 약 2그램이고 수명은 약 6년인데 주로 식물플랑크톤을 먹고 살며 조그만 갑각류를 잡아먹기도 한다. 남빙양 전역에서 서식하며 펭귄뿐 아니라, 어류, 물개, 바닷새, 고래 등 거의 모든 남극해양생물을 먹여 살린다. 몸집이 큰 고래인 혹등고래(몸길이 12~16미터, 체중 36톤)도 크릴을 주식으로 한다. 12월 초에 세종기지에 도착한 이후로 여름 동안 우리는 수시로 혹등고래를 보았다(그림 2-4). 고래가 자주 들어온다는 것은 이들의 먹이인 크릴이 많이 있다는 것이다. 펭귄들이 먹고도 남아서 고래들도 포식할 수 있을 만큼 크릴이 바다 속에 가득히 있는 것이다.

그림 2-4
세종기지 앞바다에 나타난 혹등고래(또는 혹고래)Humpback whale, *Megaptera novaeangliae*
(사진 한영덕)

큰 혹등고래가 아주 작은 크릴을 먹고 살 수 있는 것은 크릴이 거대한 떼를 이루기 때문이다(그림 2-5). 해수 1리터당 10~60마리 정도가 된다고 한다. '크릴보다 작은 생물 중 크릴이 먹지 않는 것이 없고, 크릴보다 큰 것 중 크릴을 먹지 않는 것이 없다'라는 말이 크릴을 가장 정확히 표현한 것 같다. 이렇게 남빙양의 많은 해양생물들이 크릴을 먹어 치우지만 크릴의 양이 워낙 많아서 문제될 것은 없다. 오히려 남획을 하는 인간이 크릴

> 크릴보다 작은 생물 중 크릴이 먹지 않는 것이 없고, 크릴보다 큰 것 중 크릴을 먹지 않는 것이 없다.

얼음 밑에서 헤엄치는 크릴 떼

새우와 크릴은 어떻게 다른가?

둘 다 갑각류에 속하는데 가장 큰 차이는 크릴의 경우 아가미가 외부에 다 드러나 있는 반면, 새우의 아가미는 키틴질의 뚜껑에 덮여 있어 보이지 않는다는 점이다. 이 외에도 크릴은 머리, 가슴, 배 이렇게 세 부분으로 되어 있고, 살아 있을 때는 껍질이 투명해서 내장이 다 보일 정도이다. 반면에 새우는 머리와 가슴 부위가 붙어 있다. 또 새우는 10개의 다리를 갖고 있는데, 크릴도 배 부분에 10개의 헤엄치는 다리가 있지만 가슴 부위에도 여러 개의 다리가 있는 것이 다르다. 결정적 차이는 새우는 식용으로 다양한 요리에 쓰이지만, 크릴에는 다량의 불소가 있어서 사람의 몸에 축적이 되면 좋지 않기 때문에 주로 사료나 낚시용 미끼로 쓴다는 점이다.

의 생존을 위협하고 있다. 현재 남빙양 크릴은 양식장 사료나 낚시 미끼로 사용되고 있는데, 세종기지가 있는 킹조지 섬과 남미대륙 사이에 있는 스코티아해에서 많이 잡히고 있다. 우리나라도 노르웨이, 일본, 폴란드와 함께 크릴을 가장 많이 잡는 나라 중 하나다. 남극 바다에는 현재 7종의 크릴이 살고 있다. 크릴을 식량자원으로 활용하기 위해서는 불소를 제거하는 기술 개발이 무엇보다 필요하다. 그러나 한편으로는 크릴이 식용으로 부적합한 것이 다행이라는 생각이 든다. 만약 그렇지 않았다면 진작에 우리는 인간이라는 포식자에 의해서 남극 바다에서 크릴이 점점 줄어들고, 연이어 펭귄, 물개, 고래가 점점 사라지는 것을 목도했을지도 모른다.

하루는 수십 미터는 족히 되어 보이는 거대한 젤리 같은 띠가 기지 부둣가 수면 위에 떠 있었다. 살파Salpa였다(그림 2-6). 살파는 빨간색 내장 부위가 다 비쳐 보이는 젤리같이 투명한 몸을 갖고 있어 얼핏 보면 해파리와 비슷하지만 멍게류에 속한다. 몸길이는 약 5~6센티미터로 대부분 수분으로 되어 있다. 앞바다에서 여름 내내 보이던 살파는 3월에 특히 많이 나타났는데, 개체 혹은 여러 개가 붙어 띠 모양으로 이루어 물 위에 둥둥 떠다니거나, 해변에 밀려오곤 했다. 살파는 증식속도가 매우 빠르고 거대한 떼를 이루면서 많은 양의 식물플랑크톤을 먹어 치우기 때문에 크릴의 경쟁자로 알려져 있다. 살파가 표층에 둥둥 떠다니는 이유는 먹이인 식물플랑크톤이 빛이 있는 표층에 있기 때문이다. 남빙양 크릴은 감소하는 반면 살파는 점점 늘어나고 있는데 기후변화와 관련이 있는 것으로 과학자들은 생각하고 있다.

그림 2-6

해변에 밀려 온 살파. 남빙양의 흔한 동물플랑크톤으로 하나로 크릴의 경쟁자이다. 몸통을 수축시켜 물을 뿜어내는 일종의 제트 추진력으로 이동한다.

3 얼어가는 해변의 풍경

내가 월동했던 2015년은 예년에 비해 겨울이 늦은 감이 있었다. 특히 겨울의 초입이라 할 수 있는 4월이 예년에 비해 따뜻한 편이어서 온 세계가 이제 눈 나라 얼음나라로 진입하는 듯하다가도 영상으로 기온이 성큼 올라가 연못의 얼음도 다 녹고, 땅 위의 눈도 다 녹아버리곤 했다. 그러나 눈이 오거나 비가 오는 궂은 날이 많아지고 강풍도 자주 불고 하면서 시나브로 주변의 풍경이 변화해 가기 시작했다.

주변을 알록달록 물들이던 지의류들 위에는 얼음과 눈이 쌓이기 시작했고, 식수원인 현대호에도 살얼음이 덮이기 시작했다. 해변에서는 웨델해표가 여전히 한 마리 정도 눈에 띄긴 했지만, 남극물개가 점점 많이 목격되었다(그림 2-7). 기지를 중심으로 반경 500미터 내에서 수십 마리가 아직 눈에 덮이지 않은 이끼 위에 한두 마리씩 적당한 간격을 두고 휴식을 취하곤 했다. 색깔도 거의 진한 갈색부터 주변 바위 색깔과 비슷한 얼룩덜룩한 갈색까지 다양한데 수컷이 암컷이나 새끼에 비해 좀 더 색이 진한 것으로 알려져 있다. 몸이 뚱뚱해서 배로 기어 다니는 웨델해표와는 달리 날씬한 남극물개는 허리를 곧추 세우고 앞지느러미를 이용하여 육지에서도 빠르게 이동할 수 있다. 또한 가까이 다가가면 날카로운 이빨을 드러내며 으르렁대곤 하는데 특히 숫놈이 공격적이다. 심지어는 정

그림 2-7

남극물개Antarctic fur seal, *Arctocephalus gazella*는 앞뒤 지느러미를 이용해 매우 민첩하게 움직이며 공격적이다. 겨울이 되면서 해안가에서 자주 눈에 띄었다. (사진 윤영준)

면으로 돌진해서 오히려 내가 뒷걸음치곤 했다. 웨델해표가 무표정하게 눈만 껌벅껌벅하고 고개를 들었다 다시 누워 자는 것과는 대조적이었다. 일반적인 것인지는 모르지만 세종기지에서는 한여름보다 겨울에 물개가 자주 나타나는 것으로 알려져 있다(장순근, 2011). 야생에서 특정 생물종의 출현과 서식처의 변동은 대부분 포식자로부터 피하거나 먹이를 찾아서이거나 둘 중 하나인 경우가 많다. 남극물개를 잡아먹는 포식자는 범고래와 표범해표다.

해변에는 또 엄청난 양의 해초가 밀려와 쌓이기 시작했는데 여름철보다 훨씬 많은 양이었다(그림 2-8). 특히 내 키보다도 더 크게 자라는 산酸말Desmarestia spp.과 크고 작은 홍조류들이 여기저기 해변에 밀려와 허리춤까지 쌓이곤 했다. 이유는 잘 모르지만 아마도 남극의 짧은 여름날에 부지런히 자란(Quartino and Zaixso, 2008) 해초들이 얼음이나 파도에 찢겨서 해변에 밀려오는 것이 아닐까? 특히 강풍이 불고난 후에는 더 많은 해초들이 밀려오는 것 같았다. 일반적으로 온대에서는 수온과 영양분, 햇빛이 해초의 성장에 영향을 주지만 남극에서는 일 년 내내 수온과 영양분의 농도는 큰 변화가 없기 때문에 햇빛이 상대적으로 중요해서 여름철에 빠르게 성장하지 않을까 싶다. 해변에 쌓여 있는 해초에는 재갈매기나 도둑갈매기 같은 새들이 모여들었다. 해초에 붙어 있는 옆새우나 작은 해양생물들을 먹기 위해서이다. 해초보다 유빙이 점점 더 많아지면서, 5월에는 해변에 그득히 쌓인 해초를 더 이상 볼 수 없게 되었다.

4월초 펭귄마을에 아직 펭귄이 남아 있는지 궁금하기도 했고 표지판이나 자동기상관측기구들이 제대로 작동되고 있는지 알아볼 겸해서 모처럼 화창한 날 대원들과 펭귄마을로 향했다. 펭귄마을을 가는 길은 대략 두 가지가 있는데, 하나는 해변을 따라 가는 것이고 다른 하나는 산등성을 넘어가는 방법이 있다. 해변 길이 좀

극지과학자가 들려주는 남극의 사계 - 여름, 가을, 겨울 그리고 봄

더 편하고 갑자기 기상이 변하더라도 길을 잃을 염려가 적어 주로 해변 길을 이용한다. 그러나 이 해변 길도 크고 작은 자갈과 부서지는 돌들이 덮여 있어 자칫 균형을 잃을 수 있어서 넘어지지 않으려고 애를 쓰다 보면 등에 진땀이 났다. 이 돌들은 오랜 세월 얼었다 녹았다를 반복하면서 갈라지게 되는데, 어떤 것들은 칼날처럼

그림 2-8

(왼쪽)해변에 쌓여 있는 엄청난 양의 해초 (오른쪽)내 키를 훌쩍 넘는 대형갈조류 산말

산말 대형 갈조류의 일종. 산을 분비하기 때문에 해양생물들의 먹이로 이용되지 않으나 잔가지가 많고, 수중림을 형성하여 작은 갑각류에서 작은 조개, 어류에 이르기까지 쉼터와 은신처, 산란장소로 이용된다. 파도에 밀려 해변으로 올라오면 부착되어 있는 작은 생물들을 먹기 위해 재갈매기, 도둑갈매기, 칼집부리물떼새들이 몰려든다. 바닷속 먹이를 해변으로 옮겨다주는 배달부 역할을 한다고 할 수 있다.

날카로워 구석기시대 원시인들이 보면 바로 생활도구나 무기로 쓸 수 있어 좋아할 것 같다는 생각이 들었다.

이 해변 길이 살얼음이 덮여 미끄러웠고 펭귄들이 바다와 둥지 사이를 오르락내리락하던 언덕길은 빙판길로 변해 있었다. 아이젠을 착용하지 않고 등산화만 신고 온 것을 후회하며 네 발로 엉금엉금 기어서 가까스로 펭귄 둥지가 몰려 있는 산중턱에 올라서니 놀랍게도 펭귄들이 적어도 수백 마리는 남아 있었고, 아직 털갈이하는 펭귄들도 여기저기 눈에 띄었다. 사람과 마찬가지로 펭귄들도 성장 속도가 제각각인 모양이었다. 그런데 나중에 알고 보니 새끼인 줄 알았던 이 펭귄들이 새끼를 다 키우고 난 후 털갈이를 하고 있는 어미들이었다(그림 2-9).

그림 2-9

4월초 펭귄마을에 남아 있는 털갈이 중인 어미 젠투펭귄과 초록색 배설물

극지과학자가 들려주는 남극의 사계 - 여름, 가을, 겨울 그리고 봄

특이한 점은 여름에 새끼를 열심히 먹이고 키울 때는 불그스레한 크릴색 일색이었던 똥 색깔이 베이지, 초록, 노랑색 등으로 매우 다양했다. 일반적으로 새의 배설물은 흰색의 요산이 섞여 흰색이나 베이지색으로 보이는 경우가 많은데 크릴을 주로 먹는 남극 펭귄들의 배설물은 크릴의 몸 색깔인 붉은색을 띠고 있다. 암튼 모두 펭귄 똥인지는 불분명했지만 특이하다는 생각이 들었다. 알고 보니 이 똥 색깔이 털갈이와 관련이 있었다. 펭귄들은 한여름 새끼를 다 키우고 난 후 털갈이를 하는데, 털갈이 중에는 바다에 나가 크릴 사냥을 못하기 때문에, 굶게 되며 이때 나오는 배설물은 담즙색 그대로인 초록색인 경우가 많다(이원영, 2015).

펭귄마을 가는 길목을 지키는 칼집부리물떼새는 여전히 제자리를 지키고 있고, 자이언트페트럴 둥지에는 털갈이 중인 새끼 한 마리가 있었다. 또 게잡이해표 새끼 한 마리가 기지 부근 해변에서 쉬고 있었다(그림 2-10). 이들 어린 새끼들이 다가오는 혹독한 겨울을 잘 이겨내고 다음 해 당당한 모습으로 여름을 맞이했으면 하고 바랐다. 펭귄마을의 펭귄들도 4월 중순 이후에는 더 이상 모습을 볼 수가 없었다. 펭귄마을 주변에 살던 칼집부리물떼새들이 기지 주변에 한두 마리씩 나타나기 시작하더니, 기지 내에 대여섯 마리가 아예 부둣가에 터를 잡고 종종거리며 돌아다니기 시작했다.

그림 2-10

겨울 초입에서 만난 야생동물 새끼들 (왼쪽)게잡이해표 새끼, (오른쪽)털갈이 중인 자이언트페트럴 새끼. 자세히 보면 새끼는 어리버리한 게 금방 티가 난다. 수년간 야생에서 생존 투쟁을 해 온 어미들에게서 보이는 경계심, 민첩함 등이 결여된 탓이겠지. (사진 정경철)

이곳 야생조류의 최강 포식자인 자이언트페트럴 한두 마리가 가끔씩 유유히 우아한 비행을 하면서 날아다녔다.

4월 중순에는 초속 10미터 이상의 강풍이 자주 불었다. 강풍이 불게 되면 얕은 바다의 물결이 거칠어지면서 흙탕물이 되곤 했는데, 이런 때에 특히 바다 위에 많은 새들이 나타났다. 강풍 속에서도 날렵하게 날거나 자맥질을 하면서 물 위에 떠 있는 먹이를 낚아채었다. 아마도 강풍에 떠오른 크릴이나 작은 바다 생물들을 잡아먹는 것 같았다. 대부분의 새들은 남방큰재갈매기(이하 '재갈매기') (그림 2-11)였고 간간히 자이언트페트럴도 나타나곤 했다. 여름철

그림 2-11
새끼를 데리고 얼음 위에 있는 재갈매기, 일 년 내내 기지 부근에서 볼 수 있다. (사진 정경철)

흔히 보이던 도둑갈매기는 간혹 몇 마리가 보일 뿐 대부분 다른 곳
으로 떠난 것 같았다. 재갈매기는 새끼들도 많이 보였는데, 깃털 색
이 완전히 달라 처음에는 다른 새인 줄 알았다. 재갈매기는 자이언
트페트럴과 마찬가지로 기지에서 일 년 내내 볼 수 있었다.

모든 생명체가 살아가려면 필수적인 것은 먹이인데 주위가 눈과

남방큰재갈매기|Kelp gull, *Larus dominicanus* 갈매기과에 속하며 여름철에는 주로 조간대 삿갓조개
를 먹는데 해변이나 바위 위에 이 새들이 먹은 조개껍데기 무더기를 흔히 볼 수 있다. 그러나 대부
분의 갈매기들이 그렇듯이 잡식성으로 이것저것 다 먹는다. 날카로운 부리를 사용하여 펭귄이나
해표새끼를 공격하기도 한다. 성체는 노란 부리, 배가 흰색이고 날개가 검은 반면, 새끼는 검은 부
리와 갈색 깃털을 갖고 있다. 완전히 성체가 되려면 3~4년 정도 걸린다.

얼음으로 뒤덮여가면서 야생동물들의 먹잇감이 부족해져가는 것 같았다. 가끔 도둑갈매기와 재갈매기가 공중에서 다투거나 쫓고 쫓기는 공중전이 벌어지기도 했다. 4월 말에는 내 방 창문 너머로 도둑갈매기 한 마리가 재갈매기 한 마리를 날쌔게 쫓으면서 공격하는 것이 보였다. 특히 어린 새끼를 공격하는 것 같았다. 어떤 때는 도둑갈매기 여러 마리가 재갈매기 한 마리를 집중 공격하기도 했다. 이들 공격하는 도둑갈매기나 쫓기는 재갈매기 새끼나 비행 속도가 눈으로 보기에도 평소보다 빨랐다. 겨울이 되면서 목숨을 건 필사적인 생존경쟁이 시작되는 것이리라. 앞으로 전개될 이들의 행동 변화가 흥미로워졌다.

> 모든 생명체가 살아가려면 필수적인 것은 먹이인데 주위가 눈과 얼음으로 뒤덮여가면서 야생동물들의 먹잇감이 부족해져가는 것 같았다.

4 세종기지의 월동 준비

남극에서는 잠시라도 전기가 없으면 위험할 수 있다. 난방이 안 되는 것은 물론이고 기지에서 운영하고 있는 30여 개의 연구장비와 일상생활에 필요한 상하수도 시설을 비롯하여 모든 시설들이 작동을 멈추게 된다. 외부와의 전화, 인터넷 등 통신 수단도 끊긴다. 생각만 해도 끔찍하다. 그래서 만약의 경우를 대비하여 세종기지에서는 3개의 커다란 발전기를 교대로 작동시켜 전기를 생산한

그림 2-12
겨울로 들어가는 세종기지
(사진 홍준석)

다. 한두 개가 고장이 나더라도 안심할 수 있기 때문이다. 이 발전기들을 작동하려면 연료가 필요한데, 일 년에 한 번씩 선박으로 연료용 유류를 보급 받아 커다란 탱크에 담아 놓는다. 세종기지에는 모두 여섯 개의 유류탱크가 있는데 빈 탱크가 될 때마다 바닥에 남아 있는 찌꺼기를 청소해야 한다. 더 추워지기 전에 날씨가 좋은 날을 골라 전 대원이 매달려 청소 작업을 시작했다. 거대한 탱크 안에는 유류가 일부 남아 있어 밀폐된 공간에서 작업을 하다 자칫 질식이 될 수도 있기 때문에 조를 짜서 교대를 하고 외부에서 공기를 불어 넣는 등 사전 계획을 치밀하게 짜고 작업을 시작했다. 마음 단단히 먹고 족히 2~3일은 걸릴 거라고 생각했는데 아침 9시 30분에 시작한 작업을 오후 4시에 끝냈다. 작업이 끝나자마자 강풍이 불고 날씨가 나빠지기 시작했다. 다행이다 싶었다. 큰일을 해냈다는 생각에 모두가 흐뭇한 마음으로 바비큐 파티로 하루를 마

크고 작은 유빙이 몰려들고 살얼음이 만들어지고 있는 5월의 첫날 기지 앞바다

무리했다. 추위에 고생한 대원들에게 건배 제의를 하면서 '오늘만 같으면 못할 일이 없을 것 같다'는 생각이 들었다.

유류탱크 청소작업도 끝내고, 기지 시설물과 연구장비에 대한 월동 준비가 거의 끝난 4월 말 본격적으로 수은주가 떨어지기 시작하면서 바다는 살얼음으로 덮여가고, 유빙도 많아졌다. 땅 위에는 눈이 소복소복 쌓이고, 쌓인 눈은 그대로 얼어버렸다. 여기저기 흐르던 개울물과 연못들도 이제 얼어붙고 눈에 덮여 흔적도 없이 사라졌다. 기온이 약간 낮아졌을 뿐인데 바람이 거세게 불기라도 하면 한기를 느꼈다. 블리자드도 본격적으로 불기 시작했다. 낮의 길이가 점점 짧아지고 눈이 점점 많이 오기 시작하면서 해를 보기가 어려워졌다. 이제 온 세계가 본격적으로 눈 나라 얼음나라로 진입하는 듯했다.

5월의 첫날 아침부터 함박눈이 소리도 없이 소복소복 내렸다. 바람도 없고 영상을 약간 웃도는 예년 이맘때 치고는 포근한 날씨였다. 저녁이 되니 제법 발이 푹푹 빠지도록 쌓였다. 바다에 떠 있는 크고 작은 유빙 위로도 눈이 소복하게 쌓였다. 유빙 사이사이 수면에 투명한 살얼음이 만들어지고 있었다(그림 2-13). 어제만 해도 땅 위의 얼음이 다 녹아 맨땅이 드러나고 이글루 옆 개울에도 물이 졸졸 흘렀는데 하루 만에 모든 것이 다 바뀌었다. 이제부터 진짜 겨울왕국이 시작되는 것이란 생각이 들었다. 하늘도 땅도 온통 하얗게 변해가고, 바다와 하늘의 경계도 없어졌다. 하얀 눈밭에서 하얀 칼집부리물떼새가 종종거리며 다녔다. 움직이니까 새 인 줄 알지 가만있으면 눈인지 새인지 구분이 안 갔다. 오랜만에 유빙 위에서 늘어지게 쉬고 있는 웨델해표를 보았다. 반가웠다. '떠난 줄 알았는데.'

5월의 첫 번째 일요일이다. 엊그제 함박눈이 내릴 때만 해도 포근했는데 이틀 사이에 기온이 영하 4~5도까지 내려가면서 그동안

오월의 첫날 계단 난간에서 우연히 발견한
꼬불꼬불한 얼음

쌓인 눈이 그대로 얼음이 되었다. 바람도 초속 9미터로 강해졌다.
기온은 그리 낮은 것은 아니지만 바람이 강해서 체감온도가 영하
14도 정도 되었다. '그래도 산책은 해야지'하고 생활관동 계단을
내려가다가 희한한 현상을 보았다. 난간 철봉 틈 사이로 아주 멋있
게 얼음이 삐져나와 있었다(그림 2-14). 철봉 내부에 있던 물이 얼
어 부피가 팽창하면서 좁은 틈 사이로 얼음이 삐져나오면서 멋진
작품이 만들어진 것 같았다.

여름철 걷기가 힘들었던 자갈길은 돌들이 서로 얼어붙고 눈도
어느 정도 쌓이면서 푹신푹신해지고 걷기에도 훨씬 편해졌다. 차
갑지만 공기가 투명해 저 멀리 넬슨섬의 빙하 절벽 가장자리가 또
렷이 보였다. 좀 돌아다니니 온 몸이 훈훈해지고 더없이 맑은 공기
를 허파가 부풀도록 들이마시니 기분이 좋아졌다.

그림 2-15

5월초 마리안소만의 여명. 빙벽 너머에서 뜨는 해가 하늘과 구름을 붉게 물들이고 있다.

여름철에는 해가 넬슨 섬 너머로 지곤 했는데, 정경철 대원이 해가 지는 위치가 바뀌었다고 알려줬다. 자세히 보니 정말 해가 지는 위치가 칠레기지에서 북쪽으로 이동해서 우루과이 기지 왼쪽 너머로 지고 있었다. 자연에 대한 관찰력이 뛰어나다. 관심 때문일 게다. 여름에는 기지 뒤편에서 해가 떠서 칠레기지 남서쪽 넬슨 섬 너머로 해가 진다. 그러나 겨울로 갈수록 해가 지평선 위에 있는 시간이 짧아지고 결국 해 뜨는 곳과 지는 곳이 점점 가까워지게 되어, 겨울에는 북동쪽인 마리안소만 빙벽 너머에서 떠서 북쪽인 우루과이 기지 너머로 진다. 눈부신 해가 넘어간 위로 붉은 노을이 어두워지는 하늘을 아름답게 물들이고 있다.

5월 말이 되니 해안에 밀려 온 유빙들이 언제부턴가 썰물에도 바다로 되밀려 가지 않고 해안에 차곡차곡 쌓여 얼어붙기 시작했다. 모양도 둥글둥글 마모가 된 상태로 희한하게도 육지 쪽 유빙들의 크기가 작고 바다 쪽으로 갈수록 커지는 경향이 있었다. 파도에 출렁이던 바다도 점점 움직임이 없어져 가고 부두도 얼어붙었다. 여름철 자주 들려왔던 마리안소만 빙벽이 무너지는 소리도 차츰 뜸해지기 시작했다. 5월 20일 늦은 밤 빙하가 무너지는 소리가 마지막이었던 것 같다. 5월 말에는 또 겨울의 시작을 알리듯 이곳에 온 이후 처음으로 블리자드*가 불었다. 첫 번째 블리자드 치고는 14시간이나 지속되었고 순간최대풍속이 초속 40미터나 되었다. 그야말로 본격적인 겨울을 알리는 서곡이었다.

보트운행이 점점 어려워지고 위험해지면서 건너편 기지에 오고 가는 것도 이제 점점 어려워졌다. 엊그제 중국기지에서 온 메시지

---

* 블리자드Blizzard는 미국 기상청 기준에 의하면 초속 14미터 이상의 강풍과 함께 저온에서 눈이 날려 시정이 150미터 이하로 감소하는 기상현상으로 일종의 눈폭풍을 말한다. 일반적인 강풍과 달리 발원지의 기온이 낮기 때문에 눈보라와 눈날림 현상이 동반된다.

에 의하면 해안선에서 0.5~1킬로미터 떨어진 앞바다까지 다 얼었다고 했다. 칠레기지 앞 필데스만도 다 얼어 고무보트 접안이 어려울 정도라고 했다. 세종기지 앞바다에 비해 전반적으로 수심이 얕은 그곳은 몰려 온 유빙이 해안에 그대로 차곡차곡 얼어 붙어버리는 것 같았다. 칠레해군기지에서 주최한 이곳 상주기지 국가들의 친선체육행사인 챔피온십에 참석하러 갔을 때 이미 해안 접근이 어려운 상태였다. 마침 같은 날 칠레공군 수송기로 우리가 고대하던 과일, 채소 등이 보급되어, 대원들은 체육행사에 참가하랴, 보급

그림 2-16

바다가 얼어붙기 전 마지막으로 칠레기지로 보급품을 가지러 갔을때. 이곳 해안은 이미 얼어붙기 시작해 보트 접안이 어려웠다.

그림 2-17

5월 말 보급품을 가지러 칠레기지에 갔을 때 바라 본 세종기지 전경. 왼쪽에 보이는 지붕 위가
뾰족한 건물은 러시아기지 교회이다. 이후 11월이 될 때까지 우리는 세종기지에 갇혀 지내야
했다. (사진 정경철)

극지과학자가 들려주는 남극의 사계 – 여름, 가을, 겨울 그리고 봄

품을 실어 나르랴 눈코 뜰 새 없이 바빴다(그림 2-16). 사과, 배, 채소가 그득히 담긴 상자들을 바라보는 대원들의 얼굴엔 명절날 어른들로부터 선물을 받고 기뻐하는 어린아이들의 천진함이 어려 있었다. 풋풋한 양배추와 파, 꿀처럼 단 포도, 그리고 두 달 만에 베어 먹는 사과는 영혼의 청량제 그 자체였다.

상대방이 가장 필요로 하는 것을 주는 마음이 이곳 얼음왕국에서도 가장 필요한 덕목인 것 같다.

상자를 나르는 것을 도와준 러시아기지에도 인심 좋게 사과 한 상자를 선물했다. 일 년에 딱 한 번 배로 모든 생활필수품을 보급 받는 러시아 기지에는 야채와 과일이 가장 귀한 것 같았다. 상대방이 가장 필요로 하는 것을 주는 마음이 이곳 얼음왕국에서도 가장 필요한 덕목인 것 같다. 바쁜 가운데서도 우리는 칠레해군 주최 챔피온십에서 우승을 해서, 대장인 나는 커다란 트로피 잔에 가득 부은 샴페인을 박수 소리를 들으며 마셔야 했다. 모든 대원들이 모처럼 활짝 웃은 날이었다. 여기에 보트에 보급품을 잔뜩 싣고 우리는 개선장군처럼 기지로 돌아왔다.

이제 주변에 있는 모든 기지들의 중간 보급은 한 달에 한 번 정도 있는 칠레공군 수송기에 의존해야만 했다. 대원들은 본격적인 월동대비에 대한 각오로 긴장된 모습을 보이곤 했지만 한편으로는 한 편의 스펙터클한 영화를 기다리는 설렘도 있었다. 아! 남극의 겨울, 어떤 모습일까?

3장

겨울(6~8월): 정중동靜中動

　육지와 바다가 온통 눈과 얼음으로 덮이고 블리자드가 수시로 부는 남극의 겨울은 생명체들에게 인내와 질긴 생명력을 가장 필요로 하는 혹독한 시기였다. 그러나 놀랍게도 하늘과 땅과 바다에서 토박이 남극생물들은 의연하게 때론 힘차게 삶을 이어가고 있었다. 반면에 원래 이곳의 주인이 아닌 인간에게는 힘든 계절이었다. 그럼에도 남극의 겨울은 얼음왕국의 진수를 맛볼 수 있는 시간이었다. 고립감 속에서 생각은 단순해지는 반면에 평소 무관심했던 사물에 대한 관심과 집중도는 높아졌고, 인간이 대자연의 주인이 아닌 일부라는 생각이 명료해졌다.(사진 - 얼어가는 세종기지 앞바다 마리안소만의 석양)

1 줄었다 늘었다 하는 남극 바다 얼음

세종기지 해안에 밀려든 팩아이스 (사진 정경철)

남극은 일 년 내내 눈과 얼음을 볼 수 있는 '눈과 얼음의 나라'다. 그럼에도 남극 겨울은 특별하다. 겨울이 되면 육지뿐만 아니라 바다도 꽁꽁 얼어붙기 때문이다. 바다가 얼어서 된 얼음을 해빙이라고 하는데 평균적으로 남빙양 해빙 분포면적이 최소일 때는 여름

해빙海氷, Sea Ice은 바다가 얼어서 된 얼음으로 눈이 다져져서 만들어진 육지얼음인 **빙하氷河, Glacier**와 다르다. 겨울에만 만들어지는 일년생 해빙과 일 년 이상 바다 위를 떠다니는 다년생 해빙이 있고, 형태에 따라서는 크게 해안이나 수심이 얕은 해저에 고착된 **고착빙Fast Ice**과 크고 작은 유빙이 뭉쳐져 만들어진 바다에 떠 있는 두꺼운 얼음인 **팩아이스Pack Ice**로 나눈다.

막바지인 2월 말 그리고 최대가 되는 시기는 겨울 막바지라 할 수 있는 9월 말이다(그림 3-2).

비교적 기상조건이 온화한 세종기지의 경우 매년 겨울마다 바다가 어는 것은 아닌데, 2007년 이후에는 이전보다 자주 바다가 어는 것으로 관측되고 있다. 특히 바다가 걸어 다녀도 안전할 정도로 두껍게 어는 해의 경우 월평균기온이 영하 7도 이하인 달이 2개월 이상 지속되었다는 공통점이 있었다. 내가 월동한 2015년에도 바다가 7월 중순부터 10월 중순까지 약 3개월 정도 얼어 있었는데, 6월, 7월 그리고 9월의 평균기온이 영하 7도 이하였다. 특히 9월 평균 기온이 영하 7.1도로 예년 평균인 영하 3.7도에 비해 매우 낮았는데 그래서인지 바다가 10월까지 얼어 있었던 것 같다.

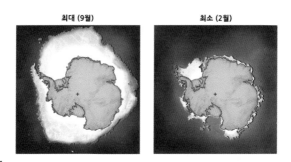

그림 3-2

남빙양 해빙 분포 면적 최대치와 최소치. 미국 국립설빙자료센터National Snow & Ice Data Center 자료를 바탕으로 그림. https://nsidc.org/data/seaice index/archives.html

그림 3-3

(왼쪽)바다가 얼기 시작한 7월 초 (오른쪽)두꺼운 팩아이스가 꽉 들어찬 9월 말 기지 앞바다 풍경

겨울 초 살얼음이 생기기 시작하던 바다는 겨울이 깊어가면서 해빙의 모양. 두께, 질감 등이 변화해 갔고, 겨울의 정점에서 두께가 1~2미터에 달하는 팩아이스로 변해갔다. 꿈쩍도 안 하던 이 팩아이스들도 블리자드가 세게 불거나 하면 균열이 생겨 꽁꽁 언바다가 일시적으로 열리면서 역동적인 모습을 보여주곤 했다.

지속적으로 줄어들고 있는 북극해 여름철 해빙과는 달리 남빙양 해빙의 분포면적은 최근에 늘었다 줄었다 하면서 심한 연간 변동을 보이고 있다. 특히 최근에는 남빙양 해빙분포가 늘어나, 2014년 9월에 1979년 관측 이래 해빙면적이 최고였다가 2015년에 다시 예년 평균으로 돌아왔는데, 과학자들은 이는 기상이변인 엘니뇨의 영향 때문이라고 믿고 있다.

2 블리자드 이야기

남극의 겨울을 얘기하자면 '블리자드Blizzard'를 얘기하지 않을 수 없다. 2014년 12월에서 2015년 11월 말까지 약 1년간 37번의 블리자드를 경험했는데 5월 말부터 9월 말 사이 즉 겨울철에 집중적(31회)으로 발생하였다. 그 중 가장 강력했던 것은 8월 5일부터 6일 아침까지 불었던 것으로 하루 종일 눈보라가 휘몰아쳤고, 고상식으로 지어진 우리의 업무공간이자 생활공간인 생활관동이 세게 흔들렸다. 생활관동 지붕 밑에는 사람 키 높이의 텅 빈 공간이 있는데 바람에 흔들릴 때마다 악기의 울림판처럼 굉음을 내었다. 침대에 누워도 진동과 소음으로 잠을 쉽게 이룰 수가 없었다. 초속 25미터 이상(10분간 최대풍속 초속 32.4미터, 순간 최대풍속 49.1미터)의 아주 강한 블리자드가 오후 5시부터 자정까지 7시간 40분 동안 지속되었다. 풍속만으로 볼 때는 우리나라 여름철에 찾아오는 중형급 태풍에 버금가는 것이었다. 그러나 여기에 눈보라가 동반되어 한 치 앞도 볼 수가 없고 기온이 낮다는 점을 고려할 때는 역대급 태풍 이상의 가공할 만한 위력을 발휘하고도 남음이 있었다.

겨울에 부는 블리자드는 바다를 터전으로 살아가는 남극야생동물들에게는 먹이가 절대적으로 부족한 겨울철에 먹이를 제공해 주는 꼭 필요한 자연 현상인 것 같았다.

희한하게도 이곳에서 발생되는 대부분의 블리자드가 동풍계열인데 반해, 이 블리자드는 북풍이었다. 우리가 생활하는 건물의 출입문이 북쪽으로 나 있었는데 블리자드를 정면으로 맞아 문을 열 수가 없었다. 설령 무리해서 문을 연다고 해도 위험할 수 있는 상황이었다. 할 수 없이 주방에서 바깥쪽으로 통하는 비상문을 통해 출입을 할 수 있었다. 아침에 일어나보니 TV 안테나가 떨어져 나갔고, 지붕 위 통신안테나가 구부러졌고, 생활관동 건물 바닥 상하수도 시설로 통하는 문짝 고리가 나갔고, 가로등이 부러졌다.

그런데 인간에게는 위협적인 블리자드가 이곳의 야생동물에게는 반드시 나쁜 것만은 아닌 것 같았다. 특히 겨울에 부는 블리자드는 바다를 터전으로 살아가는 남극 야생동물들에게는 먹이가 절대적으로 부족한 겨울철에 먹이를 제공해 주는 꼭 필요한 자연 현상인 것 같았다. 요지부동으로 보이는 해빙도 블리자드나 거센 바람이 불면 일시적으로 균열이 생기고 바다가 잠시 열리곤 했는데 이때마다 얼음 위에 해표, 물개, 바닷새들이 불쑥 나타나고는 했다. 특히 해빙과 바닷물 경계에 많은 새 떼들이 몰려들고 했는데 새들의 먹이가 될 만한 크릴과 같은 작은 생물들이 물 위에 떠오르기 때문인 것 같았다. 실제로 바람 불고 눈 날리던 날 물속에 크릴 사체가 떠 있는 것이 종종 발견되었다.

3 체감온도 이야기: 남극탐험가가 만들어 낸 체감온도

오늘이 어제보다 기온이 높은데 왜 더 춥게 느껴질까? 체감온도 Windchill 때문이다. 체감온도란 바람 때문에 실제 온도보다 훨씬 낮게 느껴지는 온도를 말한다. 세종기지 겨울철 평균온도는 영하 7~8도로 우리나라 혹한지인 철원 등에 비하면 별로 추운 날씨가 아니다. 그런데 세종기지의 겨울철 평균 풍속이 초속 8~10미터로 우리나라에서보다 강한 편으로 실제 느끼는 체감온도는 대략 영하 15~20도 정도이다. 영하 30도 이하의 체감온도를 경험한 날도 여러 날 되었다. 영상을 오르내리는 여름에도 바람이 세게 부는 날이면 얼굴이 얼얼해지곤 한다. 여기에 기온이 급감하면 저체온증에 걸릴 수도 있기 때문에 야외활동을 할 때는 바람막이 재킷을 꼭 입고 보온에 신경을 써야 한다. 실제 기온이 영하 90도까지 내려가는 남극대륙의 경우 블리자드까지 불면 체감온도가 어디까지 내려갈까? 상상이 잘 안 갈 것이다.

'체감온도'라는 용어는 우리의 일상에서 이미 익숙한 용어이다. 그런데 이 용어를 처음 만들어 낸 사람은 미국의 남극 탐험가 폴 사이플Paul Allman Siple, 1908~1968이라는 것을 아는 사람은 거의 없을 것이다. 일등만 기억하는 데 익숙해져 버린 우리는 남극 탐험가 하면 아문센, 스코트, 섀클턴을 쉽게 떠올리지만 이들을 이어 남극 탐험 역사의 한 자락을 장식했던 수많은 사람들에 대해서는 별로 아는 바가 없다. 폴 사이플이라는 인물에 대한 이야기를 찾아보니, 남극탐험 역사에 있어 또 하나의 입지전적인 인물을 발굴한 듯한 기분이었다. '체감온도'라는 단어에 한 인간이 남극에 남겨놓은 결코 가볍지 않은 족적과 일화가 담겨 있을 줄이야! 사이플은 최우수 보이 스카우트인 '이글 스카우트'로 선정되어 20세에 남극에 처음

간 것을 시작으로 약 30년간 총 6번의 남극탐험을 하였다. 그중 5번은 남극내륙을 치음 비행한 리처드 에블린 버드Richard Evelyn Bird Jr. 1888~1957와 함께였다. 마지막 남극 탐험으로 그는 우리가 잘 아는 1956~1957 국제지구물리관측년International Geophysical Year에 남극점에 있는 아문센-스코트기지 최초의 연구단을 이끌었다. 그는 자신의 남극 탐험을 《남위 90도90 Degrees South》라는 책으로 정리해 발간하기도 했다.

평생을 육군과학연구소에 근무하였던 사이플은 단순히 탐험만 좋아했던 것이 아니었다. 무척 학구적이었던 그는 두 차례의 남극

그림 3-4

(왼쪽)'체감온도'라는 용어를 처음 만들어 낸 미국의 지리학자이자 남극탐험가였던 폴 사이플. 1928년에서 1957년까지 총 6차례를 남극탐험을 하였는데 최초의 남극탐험은 20세 때 보이 스카우트 단원으로서다. 무척 모험을 좋아했던 것을 알 수 있다. (오른쪽)바람의 세기를 고려해서 간편하게 계산할 수 있는 체감온도표의 예시 (출처: Wikipedia Commons)

탐험을 토대로 '남극의 기후에 대한 탐험가들의 적응Adaptations of the Explorers to the Climate of Antarctic'이라는 학술논문으로 1939년 매사추세츠 클라크대학에서 박사학위를 받았다. '체감온도'라는 용어는 이 논문에서 처음 사용되었다. 이후 실제 기온이 아닌 체감온도의 필요성을 절실하게 느끼게 된 사이플은 40년대에 동료인 찰스 파셀Charles F. Passel과 함께 남극에서 실험을 하게 된다. 플라스틱 실린더에 물을 채워 풍속계와 온도계를 건물 위에 함께 매달고 바람과 기온에 따라 실린더의 물이 어는 정도를 측정해서 최초의 체감온도표를 만들었다(그림 3-4). 그 후 과학자들의 수정 보완에 의해 오늘날 사용하는 보다 정교한 체감온도표가 만들어지게 되었다. 사이플과 파셀이 만든 체감온도 계산식은 당시 겨울철 야외활동과 군 작전 훈련에 널리 쓰였다고 한다. 사이플은 혹한에 필요한 여러 가지 장비 개발에도 몰두하였는데 한국전쟁에도 직접 참전하여 군인들의 방한장비도 개발했다고 한다. 보이 스카우트로 남극 탐험을 처음 시작한 그의 인생의 대부분은 남극과 관련된 일에 몰두하였다. 그의 공헌을 기리기 위해 남극에는 사이플 해안, 사이플 섬, 마운트 사이플 기지 등 그의 이름을 딴 지명들이 여러 곳에 있다.

4 신기한 바다 얼음들

겨울이 깊어가면서 창문 밖을 열심히 내다보는 일이 습관이 되어 갔다. 운이 좋으면 멋진 빙산이나 특이한 풍경, 뜻하지 않은 야생동물들의 출현을 볼 수 있기 때문이었다. 특히 6월 중순에서 7월 초까지 기온이 급격히 떨어지고 바다가 얼어붙기 시작하면서 해안가에서 앵커아이스Anchor ice나 팬케이크아이스Pancake ice와 같이 신기하고 특이한 모양의 얼음이 만들어져 가는 것을 관찰할 수 있었다.

6월 16일 영하 13도의 추운 날씨였다. 2층 대장실에서 밖을 내다보았는데 수심이 얕은 해안가 바닥이 희끄무레한 것이 다른 때

그림 3-5

기지 해안에 형성된 앵커아이스. 해저면에 형성된 얼음을 말한다.

와는 달리 보였다. 말로만 듣던 앵커아이스였다(그림 3-5). 기온이 급격히 낮아지면서 기지 해안가에서 표층의 바닷물은 얼지 않았는데 밑바닥에 얼음이 형성되는 기이한 현상이 일어난 것이었다. 물 밖에서는 여간한 관찰력으로는 알아챌 수 없지만, 문헌을 통해 이미 이 현상에 대해 알고 있었던 나는 주의 깊게 매일매일 바닷가를 눈여겨보던 참이었다. 월동을 4번이나 한 장순근 박사도 이 현상에 대해 언급하신 적이 있었기 때문이었다.

앵커아이스는 닻처럼 바닥에 가라앉거나 수중 물체 표면에 달라붙은 일종의 고착빙Fast ice을 말한다. 보통 대기 온도가 급강하하는 겨울에 표층 해수가 빙점 아래로 급냉각하면서 무거워져 미처 얼어버리기 전에 바닥으로 가라앉으면서 수중 물체에 접촉하자마자 순간적으로 얼음이 생성되는 현상으로 주로 수심 33미터 이내

앵커아이스는 얕은 바다 밑바닥이나 물속에 있는 물체 표면에 생기는 불규칙한 모양의 얼음이고 **팬케이크아이스**는 바다가 얼기 시작할 때 수면 위애 생기는 둥글고 편편한 얼음이다.

그림 3-6
앵커아이스에 갇힌 남극대구
(관련 논문 Cziko et al. 2006)

에서 볼 수 있다(Dayton et al. 1969). 순간적으로 일어나기 때문에 앵커아이스에 갇혀버린 불가사리, 성게, 어류 등 해양생물들은 심각한 피해를 입을 수 있고 죽을 수도 있다고 한다. 그러나 모든 해양생물들에게 피해를 주는 것은 아니며, 남극대구들은 부동액 **Antifreeze proteins**을 만들어 앵커아이스에 갇혀도 생존할 수 있다 (그림 3-6).

앵커아이스가 생기자 평소에 돌 밑에 숨어 있던 옆새우들이 얼음 위에 노출되었다. 하얀 얼음 위에 까만 옆새우가 대비되어 눈에 매우 잘 띄었다(그림 3-7). 스노우페트럴이나 칼집부리물떼새, 재갈매기 떼들의 훌륭한 먹이가 되었으리라. '아! 굶어 죽으라는 법은 없구나.' 앵커아이스는 단순히 추운 날씨에 일어나는 물리적 현상에 그치지 않고 혹한기 생명체들이 살아갈 수 있도록 먹을 것을 공급해주게 된 것이다. 놀랍고 자비로운 자연의 섭리가 아닐 수 없

그림 3-7

앵커아이스 위로 드러난 옆새우들. 하얀 얼음 위로 노출되어 잡기가 쉬웠다.

다. 나도 신나게 연구용으로 몇십 마리를 뜰채로 잡았다. 이 옆새우들이 도대체 겨울에 무얼 먹고 사는지 궁금해서였다. 앵커아이스는 6월 중순에서 바다가 본격적으로 얼어붙기 시작한 7월 초까지 약 3주간 기온이 영하 10도 이하로 내려가는 아주 추운 날 수시로 관찰되었다. 맥머도기지에서는 성게, 불가사리나 어류 등이 앵커아이스에 갇힌 경우가 잠수부에 의해 보고되었는데, 세종기지에서도 잠수를 하면 아마도 불가사리나 성게 같은 큰 해양생물이 얼음에 갇혀 있는 희한한 광경을 볼 수 있지 않을까?

앵커아이스가 수심이 얕은 바다 밑에 생기는 것과 달리 팬케이크아이스는 살얼음이 만들어진 해수면에서 볼 수 있었다. 팬케이크아이스는 바다나 호수가 얼기 시작할 때 나타나는 둥글고 편편한 얼음 조각인데 살얼음이 슬러시 상태로 되면서 팽창하는 얼음 덩어리들이 가장자리에서 서로 충돌하면서 둥근 모양이 된다. 처음에는 크기가 작으나 바람이나 파도에 떠밀리면서 얼음 조각들이 서로 응결되고 하면서 크기도 커지고 두꺼워진다. 이 팬케이크아이스는 결국에는 서로 붙어서 두꺼운 팩아이스나 단단한 고착빙이 된다. 세종기지에서 팬케이크아이스는 앵커아이스와 마찬가지로 6월 중순에서 7월 중순 사이에 바다가 얼어 가는 과정에서 관찰되었다 (그림 3-8).

그림 3-8

남극 동지가 가까워진 6월 중순 기지 부두 옆 수면 위에 형성된 팬케이크아이스. 작고 둥근 얼음 조각들이 서로 붙어 더 큰 팬케이크아이스가 만들어지고 있다. (사진 정경철)

앵커아이스와 팬케이크아이스를 볼 수 있었던 것도 잠시, 바다가 점점 슬러시 상태로 되더니 드디어 꽁꽁 얼어붙기 시작했다. 해빙 구역이 점점 넓어지고 투명한 살얼음이 두터워지면서 색도 점점 하얗게 변해갔다. 앞바다인 마리안소만뿐 아니라 저 멀리 넓고 깊은 바다 맥스웰만까지도 하얗게 얼어가고 있었다. 7월 말부터 얼어붙기 시작한 마리안소만은 8월 하순부터 더욱 단단해져 가더니 드디어 맥스웰만까지도 꽁꽁 얼어붙어 버렸다. 밀물과 썰물에 따라 출렁대며 움직이던 유빙들도 해안에 밀려온 후 되밀려가지 않고 그대로 얼어붙었다. 얼어붙은 바다 위로 이제는 눈도 차곡차곡 쌓여갔다. 이제는 하늘도 땅도 산도 바다도 온통 흰색이었다. 겨울이 정점에 이른 것 같았다.

5 겨울왕국의 주인공들

세종기지에서 겨울을 나는 친구 칼집부리물떼새, 굳세어라 금순아!

남극의 야생생물들이 모두 감탄할 만큼 생존능력이 강하지만, 일단 계절에 따라 이동을 하는 생물보다, 자기가 태어난 곳에서 일생을 보내는 생물들이 적응능력이 더 강하다 할 수 있다. 이동을 하는 동물들은 추위나 포식자를 피하거나 먹이를 찾아서 이동을 하게 되는데, 이동을 하지 않는 동물들은 이 모두를 극복할 수 있는 능력이 있어야 하기 때문이다. 세종기지에서 일 년 내내 볼 수 있는 웨델해표, 표범해표, 재갈매기, 자이언트페트럴 그리고 칼집부리물떼새 등이 이 부류에 속하는 것 같다.

그 중에서도 칼집부리물떼새Snowy sheathbill, *Chionis albus*가 가장 인상적이었다(그림 3-9). 겨우내 눈밭을 헤치며 먹을 것을 찾아 돌아다니는 모습이 어려움 속에서 억척스럽게 살아가는 옛날 실향민

그림 3-9

먹이를 찾아 하루 종일 기지 주변을 종종거리며 돌아다니는 칼집부리물떼새 (사진 정경철)

의 아픔을 노래한 트로트 곡 '굳세어라, 금순아'의 주인공을 연상시켰기 때문이다. 기지 이곳저곳을 제집처럼 종종거리며 돌아다니고, 아주 가까이 가기 전에는 별로 사람을 경계하지도 않아 집에서 키우는 가금류 같다는 생각이 들곤 했다. 칼집부리물떼새는 통통한 비둘기처럼 보이는데 그 이유는 추위에 견딜 수 있도록 두꺼운 솜털이 몸통을 감싸고 있기 때문이다. 재미있는 것은 남극에 서식하는 새들 중 유일하게 물갈퀴가 없다. 펭귄을 비롯해서 다른 새들은 모두 다 해양조류Marine birds로 바다에서 먹잇감을 사냥하기 때문에 수영도 하고 자맥질도 한다. 그래서 물갈퀴가 있다.

칼집부리물떼새는 물갈퀴가 없기 때문에 물 위에 떠 있거나 수영은 못하는 대신 육중한 몸집과 굵은 다리와 튼튼한 발을 갖고 있고 대부분의 시간을 육지에서 보낸다. 그래서 그런지 날아다니는 모습보다는 육상에서 걸어 다니는 모습을 훨씬 많이 보았다. 하얀 눈 밭 위에 여기저기 찍혀있는 발자국들이 이들이 얼마나 종종거리며 돌아다니는지를 방증했다. 간혹 해안에서 저 멀리 바다 위 해빙 위로 먹이를 찾아 날기도 하는데, 우아하고 빠르게 나는 다른 새들과는 달리 짧은 거리를 푸드득거리며 날고는 했다.

여름에는 펭귄 집단서식지 근처 바위틈에 둥지를 틀고 서식하면서 펭귄과 같은 시기에 알을 낳고 새끼를 키우는데, 펭귄 서식지 근처에 사는 이유는 주변에 펭귄 사체나 먹이 부스러기가 많기 때문이라고 한다. 펭귄의 토사물, 똥, 알을 훔쳐 먹기도 하고, 해안가 작은 해양생물 등을 쪼아 먹기도 한다. 4월 초 펭귄마을 찾았을 때도 아직 수백 마리의 펭귄들이 남아 있었을 때 근처의 칼집부리물

칼집부리물떼새는 왜 자주 한 발로 서 있는 걸까?
처음에는 도둑갈매기나 해표에 물려서 다리 하나를 잃었나 했다. 한 발로 통통 뛰기도 하면서 오랜 시간 한 다리로 서 있었기 때문이었다. 나중에 알고 보니 체열이 방출되는 것을 줄이기 위해서 한 다리를 품속에 넣고 있기 때문이었다. '칼집부리Sheathbill'라는 이름은 부리 뿌리가 칼집에 들어 있는 모양과 같다고 해서 붙여진 이름이다. 통통한 몸에 비해 날개가 작기 때문에 나는 시간보다는 튼튼한 다리로 땅 위를 걸어 다니는 시간이 훨씬 많다.

그림 3-10
한 발로 서 있는 칼집부리물떼새 (사진 정경철)

떼새 두 마리도 원래의 둥지를 계속 지키고 있었다. 한 마리는 발에 노란색 인식표가 달려 있다. 4월 중순경부터는 기지 내에서 눈에 띄기 시작하더니 이후에는 4~5마리가 기지로 와서 긴긴 겨울을 보냈다. 펭귄마을에 있던 무리들과 같은 것인지는 확실치 않으나 아무튼 근처에 있던 무리들이 먹을 것을 찾아서 기지로 온 것으로 보였다. 사람을 별로 두려워하지도 않고 무심한 듯이 기지 곳곳을 돌아다니며, 열심히 무언가를 쪼아 먹곤 했다. 집에서 키우는 가금류처럼 서로가 친숙해졌다. 얼음과 눈으로 뒤덮인 곳에서 도대체 무엇을 먹고 사는지 궁금했는데, 몇 달 동안 관찰해보니 해빙 위로 떠오른 옆새우, 크릴 사체, 다른 새들의 똥, 사체, 해표의 태반과 같은 출산분비물 등 가리지 않고 다 먹었다. 아무래도 겨울철에 먹을 것이 부족한 탓인지 하루 종일 먹이를 찾아 돌아다니는 것 같았다. 육지에만 있는 것이 아니고 간혹 짧은 거리이긴 하지만 바다 위에 떠 있는 얼음 위로 먹이를 쫓아 푸드덕 날아가는 경우도 있었다. 하루는 부두 근처 해빙 위에 모처럼 날아 앉는 것을 보았는데, 망원경으로 보니 펭귄인지 물개인지 모르는 사체를 쪼아 먹고 있었다. 남극 동지가 가까워진 6월 중순 모처럼 맑은 날 근처 가야봉에 스키를 타러 갔었는데, 음식 냄새에 이끌려 온 듯 칼집부리 한 마리가 주변을 맴돌고 있었다. 정말 생명력이 강한 남극 새이다. 굳세어라 금순아!

남극의 하얀 천사 스노우페트럴

펭귄마을도 텅텅 비고 도둑갈매기도 모두 사라진 5월 초부터 기지 부근에 눈처럼 하얀 새들이 나타나기 시작했다. 블리자드가 빈번하게 불기 시작한 6월에는 그 수가 더 늘어났다. 스노우페트럴이었다. 남극 토착종인 스노우페트럴은 몸길이는 약 36~41센티미터이고 날개를 폈을 때 76~79센티미터로 크기가 비둘기만 하고 까만 작은 눈과 부리, 발을 제외한 온몸이 하얀 새로 남극에 서식하는 새 중 가장 아름다운 새로 정평이 나 있다. 남극 전역에 수가 가장 많은 새 중의 하나로 약 4백만 마리가 서식하며 아직은 종 보존이 잘 되어 있는 것으로 알려져 있다. 생존 능력이 뛰어난 것으

그림 3-11

기지 부두 위를 날고 있는 스노우페트럴 (사진 정경철)

스노우페트럴Snow petrel, *Pagodroma nivea*은 흰풀마갈매기라고도 하며 남극에서만 서식하는 토착종이다. 해안에서 멀리 떨어진 남극점에서도 발견되고 있다. 스노우페트럴은 남극대륙과 남극반도에서 해안가 절벽이나 노출된 바위 위에 둥지를 틀고 번식을 하고, 해빙이 있는 곳에서 서식한다. 11월 말에서 12월 초 사이에 한 개의 알을 낳는데 아주 예민하여서 사람이 접근하거나 하면 둥지를 포기한다고 한다.

그림 3-12
살얼음으로 덮여있는 기지 해안가에 쉬고 있는 스노우페트럴 (사진 정경철)

로 보인다. 탄소동위원소로 둥지 분석을 해 본 결과 오래된 군집은 3만5천 년이나 된다고 한다(Hiller et al. 1988). 흥미로운 것은 칼집부리물떼새도 그렇고 스노우페트럴도 흰색이라는 점이다. 일종의 보호색인 셈이다. 몸 색깔을 주변과 같은 색으로 함으로서 포식자의 눈에 잘 뜨이지 않고 남극에서 오랜 세월 살아남을 수 있었던 것은 아닐까?

"남극의 3백白, white을 꼽으라면 나는 얼음, 눈 그리고 이 스노우페트럴을 말하겠다. 얼어붙은 대지 속에서 생명이 살아 숨 쉬고 있음을 보여주는 얼음과 눈을 꼭 닮은 남극의 아름다운 표상表象, symbol이다."

사냥을 하기 위해 물 위를 스치듯이 내려앉는 스노우페트럴 (사진 정경철)

스노우페트럴이 이곳에 몰려든 이유는 먹이를 찾아서인 것 같았다. 스노우페트럴의 주 먹이는 크릴이라고 한다. 그래서 반드시 바닷가에서 서식해야 하는데 겨울에 바다가 점점 얼어감에 따라 먹이를 찾아 북쪽으로 먼 거리를 이동해 온 것 같았다. 위 속에 지방을 보유하고 있어 장거리 비행에 에너지원으로 이용한다고 한다. 하지만 바다가 얼어 있는 상태에서 스노우페트럴의 먹잇감이 풍족해 보이지는 않았다. 그래서 그런지 어슴푸레한 여명에도 캄캄한 밤에도 쉴 새 없이 해안가에서 얼음이 둥둥 떠 있는 바다 위를 스치듯 날면서 뭔가를 낚아채는 모습을 자주 볼 수 있었다. 먹잇감이 흔치 않은 대신 거의 대부분의 시간을 사냥으로 보내는 것 같았다. 눈보라 속에서도 휘청거리며 날면서 수면 위로 떠오른 크릴을 낚아채기도 하고 얕은 물속의 옆새우 떼를 종종 쪼아 먹기도 했다. 아름다운 모습 이면에는 생존을 위한 처절한 삶이 있었다.

이곳으로 온 또 다른 이유는 천적인 도둑갈매기가 겨울 동안 다른 곳으로 가버렸기 때문인 것 같았다. 도둑갈매기가 사라진 5월부터 다시 돌아오기 시작한 10월 말까지 스노우페트럴은 기지 주변 바다에 계속 머물렀다. 얼어붙은 바다가 블리자드로 균열이 생기고 깨져 나가고 할 때면 재갈매기, 스노우페트럴, 자이언트페트럴, 알락풀마갈매기, 남극풀마갈매기, 남극제비갈매기 등 많은 새 떼들이 나타났는데 단연코 가장 많이 눈에 띄는 새는 스노우페트럴이었다. 바람이 심하게 부는 날에도 기지부둣가에만 수십 마리가 나타나 공중을 어지럽게 날아다니며 물 위에 떠오른 먹잇감을 사냥 했다.

남극에는 스노우페트럴 외에도 자이언트페트럴, 남극풀마갈매기, 알락풀마갈매기 등 여러 종류의 페트럴이 있다. 페트럴Petrel이라는 명칭은 마치 물 위에서 사냥 후 날아오를 때 모습이 흡사 성경에 나오는 물 위에서 걸었다는 베드로Peter 사도를 연상시킨다고 해서 그런 이름이 붙여졌다고 한다(그림 3-13). 다른 페트럴들도 가끔씩 나타나지만 스노우페트럴이 겨울철에 가장 많이 보였다. 도둑갈매기의 수가 여름철 수준으로 늘어난 11월 초 이후에는 거의 완전히 자취를 감추었다.

가야봉 자이언트페트럴의 우아한 비행

남극동지(6월 21일, 남반구에서 해가 가장 짧은 날, 북반구의 하지에 해당함)가 가까워 오니 해가 점점 짧아졌다. 해가 오전 10시 20분경에 떠서 오후 3시 30분경에 서산너머로 사라졌다. 동짓날에는 전 세계 여기저기 그리고 수천 킬로미터 떨어진 다른 기지들과 축전과 재미있는 그림들을 서로 주고받았다. 우리는 굴삭기로 커다란 얼음을 바다에서 건져내 위를 편편하게 깎아 얼음 테이블을 만들어 그 위에서 축배를 들었다. 동지를 떠들썩하게 축하하는 것은 그만한 이유가 있다. 남극 겨울의 정점에 무사히 이르렀다는 안도감과 앞으로는 낮의 길이가 점점 길어지고 지금까지보다는 좀 더 지내기가 쉬울 것이라는 희망이 뒤섞여 있는 것이다. 등산으로 말하자면 이제 정상에 올랐으니 내려갈 일만 남은 것이다. 그러나 내리막길이 더 힘들고 위험할 수도 있다.

날도 흐리고 바람도 불었지만 그래도 동지를 축하하기 위해 모두 설상차를 타고 가야봉에 스키를 타러 갔다. 가야봉 위에 올라서니 근처 바다가 한눈에 들어왔다. 화창한 날에는 저 멀리 남극반도 끝자락도 보인다. 바다에는 작은 유빙이 몇 개 떠 있고, 멀리서도 해안가를 따라 생긴 앵커아이스가 또렷하게 보였다. 해안가에는 스노우페트럴 여러 마리가 빠르게 날아다녔다.

우리가 스키를 타는 곳에서 좀 떨어진 높은 언덕에 자이언트페

그림 3-14

(왼쪽)한겨울 가야봉 둥지에 모여 있는 자이언트페트럴 무리 (오른쪽)한여름에도 같은 둥지에 여러 마리가 있는 것으로 보아 일 년 내내 이곳에 머무르는 것으로 보인다. (사진 정경철)

트럴 둥지가 있는데 겨울 내내 4마리 정도가 살고 있는 것 같았다 (그림 3-14). 자이언트페트럴이 이 높은 곳에 둥지를 만든 이유를 알 듯하다. 시야 확보를 해서 더 멀리 보기 위해서일 것이다. 어느 바다가 안 얼었는지 어디로 가면 먹이가 있는지 알 수 있을 것이라 생각되었다. 또 다른 중요한 이유는 날개가 매우 넓기 때문에 바람이 많이 부는 높은 곳에서 바람을 이용해서 하늘로 날아오르기가 수월하기 때문이라고 한다. 정말 이곳에 사는 모든 야생동물들은 본능적으로 살아가는 방식을 지혜롭게 터득하고 있다는 것을 인정하지 않을 수 없다. 우리가 나타나자 불안한지 자이언트페트럴 두 마리가 둥지 위를 선회했다. 라면을 끓여 먹는 우리 곁에 언제 나타났는지 칼집부리물떼새 한 마리가 떨어진 음식 부스러기를 주워 먹으며 돌아다녔다.

자이언트페트럴은 이곳 세종기지에서 볼 수 있는 가장 우아하게 나는 새이다. 칼집부리물떼새가 뚱뚱한 몸에 비해 작은 날개로 우스꽝스럽게 나는 것과는 무척 대조적이다. 몸통에 비해 좁고 긴 날개를 갖고 있고, '자이언트'라는 이름에서 알 수 있듯이 양 날개를 펴면 2미터가 훌쩍 넘는 대형조류다. 색깔도 흰색, 검은색, 얼룩무늬, 갈색 등 다양하고, 당연히 먹이그물의 최상위를 차지한다. 수면 위에 떠오른 해양생물들을 공격적으로 낚아채거나 자맥질로 물고기 등을 잡아먹지만 여의치 않을 때는 다른 새를 잡아먹거나, 물개나 코끼리해표, 고래 등 큰 동물의 사체도 먹는다. 웨델해표가 새끼를 낳는 9월 말 어김없이 주변에 나타나 태반 찌꺼기를 쪼아 먹거나 막 출산한 웨델해표의 주변을 장시간 지키면서 호시탐탐 갓 태어난 해표새끼를 노리곤 했었다.

자이언트페트럴은 철새라고 알려져 있는데 나는 일 년 내내 창밖에서 가야봉과 세종봉 사이를 오고가거나 얼음 바다 위를 한 마리 혹은 두세 마리가 날라 다니는 모습을 보았다. 겨울에도 시계가 확보되는 한은 거의 매일 볼 수 있었다. 특히 블리자드가 심하게 불고 난 후 바다 얼음이 깨져 나가 물결이 출렁거리는 바다 위에 어김없이 나타나곤 했다. 바다에서 먹이를 찾아야 하는 자이언트 페트럴은 상당수가 남빙양에서 메로Toothfish (이빨고기류) 등을 잡기 위해 사용하는 낚시 바늘이나 어망에 걸려 죽는다고 한다. 남빙양에서는 메로를 잡기 위해 기다란 줄에 일정한 간격으로 가짓줄을 달고 가짓줄 끝에 낚시를 단 어구를 사용하는데 여기에 걸린 물고기를 먹으려다가 걸려들게 되는 것이다. 또한 최근 문제가 되고 있는 플라스틱 등 바다에 떠 있는 쓰레기를 먹이인 줄 알고 삼키거나 해서 심각한 피해를 입기도 한다.

자이언트페트럴은 무척 예민해서 사람들이 가까이 가면 부화를 못할 수도 있다고 한다. 안타깝게도 펭귄마을 가는 길목의 자이언트페트럴은 새끼를 낳았는데, 가야봉 무리들은 올해 알을 까지 못했다. 최근 부근에서 연구 활동이 활발해지면서 많은 연구원들이 이곳을 찾기 때문은 아닐까? 이래저래 얼음왕국의 주인으로 영겁의 시간을 살아 온 자이언트페트럴에게 인간은 가히 위협적인 존재가 아닐 수 없다. 가야봉 자이언트페트럴 둥지에서 다시 어린 새끼를 보게 되기를 희망한다. 점차 바람이 강해지고 날이 점점 더 흐려졌다. 짧은 해가 곧 서산으로 넘어갈 듯했다. 서둘러 가야봉을 내려와 기지로 귀환했을 때 제법 센 바람이 불어대고 있었다.

해빙과 함께 살아가는 생물들

연중 가장 추운 달인 7월에는 초반부터 일주일 이상 계속해서 영하 10도~영하 17.5도의 매서운 추위가 찾아왔다. 여기에 블리자드와 초속 15미터 이상의 강풍도 수차례 불었다. 시나브로 얼어가던 바다도 바람이 세게 불면 얼음이 깨지곤 했는데 바람이 잠시 잦아들면 무섭게 다시 얼어갔다. 7월 초 창밖을 내다보고 있는데 갑자기 가마우지 수십 마리가 창문에 부딪힐 것처럼 가까이 나타나더니 멀리 맥스웰만 쪽으로 날아갔다. 자맥질의 명수인 가마우지는 바다가 얼어가자 먹이 사냥을 위해 얼지 않은 바다를 찾아서 이동해 가는 것 같았다. 여름에도 한두 마리가 자맥질 하고 난 후 바위 위에서 깃털을 말리던 모습을 가끔씩 보곤 했는데 이렇게 수십 마리가 한꺼번에 날아가는 모습을 본 것은 처음이었다. 이렇게 바다가 꽁꽁 얼어붙으면서 모든 생물들이 이곳을 떠나가는 듯했다.

파란눈가마우지Blue-eyed shag, *Patacrocorax bransfieldensis* 남쉐틀란드군도와 남극반도에 서식하는 남극 토착종이다. 눈이 파랗고 몸길이는 75~77센티미터, 날개길이는 32~33센티미터, 몸무게 2.5~3킬로그램으로 얼핏 보면 오리처럼 보인다. 자맥질을 잘하며 깊은 수심까지 다이빙을 해서 물고기, 갑각류를 잡아먹는다.

그림 3-15

눈이 파란 가마우지 (사진 임완호)

맥스웰만 유빙 위에서 일광욕을 즐기고 있는 남극물개 떼. 7월 말부터 8월 초 블리자드가 불고 난 후 해빙 위에 수십 마리 또는 수백 마리가 나타나곤 했다. (사진 정경철)

바다가 거의 얼어버린 7월 중순 아침 창밖을 내다보던 나는 부 둣가에 무언가 웅크리고 있는 것을 보았다. 나가보니 젠투펭귄 세 마리가 부두에 엎드려 있었다. 4월에 펭귄마을이 텅 빈 이후에는 모두 멀리 가버렸다고 생각했는데 오랜만에 펭귄을 보니 무척 반 가웠다. 이후로도 겨울 내내 펭귄들을 보았고, 수십 마리에서 많게는 수백 마리가 맥스웰만 해빙 위나 건너편 위버반도 해안에 있는 것도 목격되곤 했다. 맨눈으로 보거나 망원경 가시거리 이내 관찰한 것이니 맥스웰만 전체 해빙 위에는 훨씬 많은 물개와 펭귄이 있었을 것으로 생각된다. 세종기지 바닷가에도 수십 마리의 펭귄이 다녀간 흔적으로 보이는 크릴색의 분변 무더기가 수십 개나 발견되기도 했다. 십여 년을 이곳 펭귄마을에서 펭귄을 연구해 온 연구원들도 4월에 펭귄마을을 떠난 수천 마리의 펭귄이 어디로 피난을 갔다가 오는지 아직 모른다고 한다. 그들 중의 일부가 가까운 곳에서 겨울을 보내고 있는지도 모른다.

그림 3-17

해빙 위에서 쉬고 있는 얼음바다의 제왕 표범해표 (사진 정경철)

예기치 않게 겨울에도 우리는 물개, 해표, 펭귄 등 많은 야생동물들을 수시로 볼 수 있었다. 요지부동으로 보이는 해빙도 블리자드나 거센 바람이 불면 일시적으로 균열이 생기고 바다가 잠시 열리곤 했는데 이때마다 얼음 위에 해표, 물개, 바닷새들이 불쑥 나타나곤 했다. 특히 남극물개가 많이 보였는데, 7~8월에 여러 마리가 무리 지어 해빙 위에서 쉬고 있거나, 헤엄치고 있는 모습, 해빙 위로 기어오르는 모습 등 다양한 모습을 관찰할 수 있었다. 망원경으로 대략 세어도 수십 마리에서 백여 마리 이상이 목격되기도 했다. 여름에도 수시로 보기는 했으나 겨울철에 훨씬 더 많은 수가 목격되었다(그림 3-16).

해빙 밑에는 규조류라는 단세포 식물이 자라고 이를 먹이로 하는 크릴, 옆새우 등이 서식한다. 크릴과 옆새우 등은 또 새들과 물개, 해표의 먹이가 된다. 얼어붙은 바다 속에서도 생명 현상은 이어지고 있는 것이다. 대지 위에서 살아 숨 쉬는 모든 생명체를 먹여 살리는 대자연의 손길이 이곳에도 있음을 절실히 느끼게 한다. 이들 야생동물들에게 남극 겨울바다의 얼음은 전혀 위협적인 존재가 아닌 것 같다. 일생 동안 해빙 위에서 새끼도 낳고 사냥도 하고 쉬기도 하는 물개나 해표들에게는 집이나 마찬가지인 것 같다(그림 3-17). 이처럼 이들의 삶은 해빙과 불가분의 관계에 있다.

> 해빙 위에서 새끼도 낳고 사냥도 하고 쉬기도 하는 물개나 해표들에게 겨울 바다의 얼음은 집이나 마찬가지다.

"낮의 길이가 짧은 남극의 겨울에서 빛은 절대적으로 소중한 존재였다. 짧게나마 구름 사이로 파란 하늘과 햇빛이 비치면 마치 우리를 축복해주는 것 같아 기분이 좋아지곤 했다."

6 윈터 블루스Winter Blues

토박이 남극생물들이 의연하게 혹독한 겨울을 보내는 것과 달리, 원래 이곳의 주인이 아닌 침입자인 인간에게는 힘든 계절이었다. 야생동물들이 추위에 아랑곳하지 않고 유유히 얼음 바다에서 헤엄치고 하늘을 날고 하는 것과는 달리 우리는 밖에 나가지 못하고 제한된 공간 속에서 꼼짝 못하고 갇혀 지내야 하는 날이 많아졌다. 낮이 점점 짧아지면서 햇볕이 무척 그리워졌다. 겨울철에는 해가 10시가 넘어야 떠서 오후 3시가 되면 벌써 컴컴해지는데 흐리거나 눈이 오는 날은 하루 종일 햇빛을 볼 수가 없었다. 아침에 커튼을 젖히고 밖을 내다보면 산과 바다와 하늘이 경계가 없이 하나가 되어 온통 하얗게 보일 때가 있었다. 이런 때는 순간적으로 환각의 세계에 있는 것 같았다. 혹한 그 자체보다는 고립감이 가장 견디기 어려웠다.

나는 겨울을 가장 좋아한다. 그러나 좋아하는 것은 추위 그 자체였지 고립감은 아니라는 것을 깨달았다. 불과 반경 백여 미터도 안 되는 공간에 묶여 있는 고립무원의 느낌이랄까? 그래서 어쩌다 쥐꼬리만 한 파란 하늘이 짙은 회색 구름 속에 삐끔 보이기라도 하면, 조금이라도 햇볕을 쬐고 싶어 하얀 눈길을 푹푹 빠지며 돌아다녔다. 다행히도 하늘과 땅과 바다가 온통 눈과 얼음으로 덮여 있어, 약간의 햇빛만 있어도 사방에서 빛이 반사되어 눈이 부셨다. 잠시 선글라스를 벗고 눈 속에 보약이라도 되는 듯 햇빛을 그득히 담아 보기도 했다. 여름철에 이렇게 햇빛을 바로 보기는 불가능하지만 겨울철 햇빛은 아무래도 힘이 약한 것 같았다. 찬바람에 볼이 얼얼해지기는 하지만 기분은 상큼해졌다. 지구상의 모든 생물은 햇빛을 절대적으로 필요로 한다는 것을 실감하지 않을 수가 없었다. 식물처럼 광합성을 하는 것은 아니지만 정신적 건강을 위해 절대적으로 필요한 것이다. 북유럽에서는 일광요법Light theraphy이 겨울철에 우울증 환자를 치료하기 위해 이미 보편적으로 사용되고 있다. 남극기지에서도 일광요법을 대원들에게 적용하면 좋을 것 같다는 생각이 들었다.

　이렇게 돌아다니다 보면 의외로 새로운 것을 발견하기도 했다. 7월 말 모처럼 햇살이 눈부시고 하늘도 파란 날이었다. 영하 13도의 차가운 날씨지만 바람이 거의 없어 산책하기에 그지없이 좋은 날이었다. 본관동에서 약 700미터 떨어진 창고동까지 걸어가서 해변을 어슬렁거리다 우연히 땅을 내려다 본 나는 천일염처럼 굵게 빛나는 눈 알갱이가 넓게 퍼져 있는 것을 보았다(그림 3-18). 맨눈으로는 식별이 어려웠는데 카메라의 접사렌즈에 잡힌 육각형의 눈 결정. 춥고 건조해서 그런지 눈의 결정이 그대로 살아서 크리스탈처

그림 3-18
창고동 앞 눈밭 위에서 관찰된 천일염처럼 굵은 눈 결정. 영하 13도 습도 74%의 쌀쌀하지만 산책하기에 그지없이 좋은 햇살이 눈부신 날이었다.

　극지과학자가 들려주는 남극의 사계 - 여름, 가을, 겨울 그리고 봄

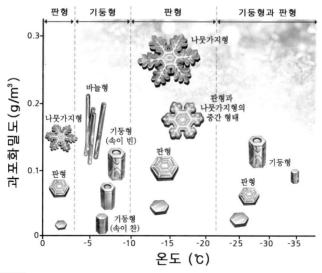

그림 3-19

기온과 습도에 따라 달라지는 다양한 눈 결정. 우리가 흔히 알고 있는 나뭇가지형 눈꽃 결정은 영하 15도보다 높은 기온에서 비교적 습도가 높을 때 만들어지고, 기온과 습도가 낮을수록 육 각형의 기둥형이나 판형 결정으로 변화해간다. Libbrecht(2005)의 그림 참고

럼 빛나고 있었다. 보석을 발견한 기분이었다. '얼음이 그저 얼음이 아니고 눈이 그저 눈이 아니구나!' 지형과 바람과 온도와 습도에 따라 땅 위에 쌓인 눈의 질감과 결정 모양이 변화되었다(그림 3-19).

겨울의 문턱에서 떡가루보다 더욱 희고, 방금 튼 무명 솜보다 더 보드라운 눈을 발밑에 느꼈는데 겨울이 깊어가면서 얼음처럼 단단해져 갔다가 겨울의 끝날 무렵에는 셔벗처럼 서걱서걱해졌다. 북극지방에 사는 원주민 사미 족이나 이누이트 족이 눈과 얼음의 종류를 구분하는 단어가 수십 가지나 된다는 것이 이해되기 시작했다.

고립감 속에서도 겨울은 그동안 바쁜 일상 속에서 잊고 살아온 것들을 세심히 바라보고 느끼고 감성을 한껏 충족시킬 수 있는 시간이었다. 눈과 얼음은 바람 그리고 태양과 구름과 어우러져 매일 매일 기기묘묘한 풍경을 선사하였다. 온도와 습도, 적설량, 구름의 양, 바람의 세기에 따라 얼음의 모양도 질감도, 노을의 색채와 강렬함도 달라졌다. 해가 늦게 뜨고 빨리 지는 대신 다양하고 아름다운 여명과 노을을 수시로 볼 수 있었다(그림 3-20). 여름에는 해가 일찍 뜨고 또 기지 뒤편 세종봉 너머에서 뜨기 때문에 여간해서는 여명이나 일출을 보기가 쉽지 않다. 해지는 것도 여름에는 낮 시간이 길어 늦은 시간이 되어야 볼 수 있다. 여태껏 살아오면서 하늘과 구름과 노을을 이렇게 열심히 바라 본 적이 있었던가! 이곳의 노을은 거침이 없었다. 짧은 겨울 해이지만 광활한 하얀 해빙과 흰 눈에 덮인 산들의 능선 위에 거침없이 화려한 색조를 뿜어냈다. 날마다 한 폭의 그림을 보는 듯했다. 감상적 기분에 작은 수첩에 색연필로 석양을 한 번 담아볼까 끄적거리다 그만두었다. 도저히 구름

극지과학자가 들려주는 남극의 사계 - 여름, 가을, 겨울 그리고 봄

그림 3-20

마리안소만 위 렌즈구름을 붉게 물들이고 있는 여명. 희한하게도 겨울 동안 이곳에서 여러 차례 렌즈구름을 보았다.

과 석양의 기기묘묘함과 형형색색을 표현할 길이 없었다. 오늘도 석양에 해수면이 붉게 비추었다. 낙조를 배경으로 해양조사를 하는 대원들은 고무보트에서 추위와 노동으로 감상에 젖을 겨를이 없겠지만 해안에서 바라보는 풍경은 숭고할 만치 아름다웠다.

그러나 잘 보면 이곳의 풍광이 특별하게 더 아름다운 것은 아니다. 단지 한국에서는 바쁜 일상으로 멋진 풍경이 눈에 들어오지 않고 주의 깊게 보지 않아서일 것이다. 그리고 순수한 감상을 방해하는 너무나 많은 것들이 있기 때문일 것이다. 남극을 몹시 오고 싶어 했던 한 지인의 말이 생각난다. '남극에 가면 아무것도 없는 하

그림 3-21

7월 초 바다가 본격적으로 얼어가기 시작할 때 바람과 차가운 대기가 만들어 낸 기묘하게 얼어붙은 바다 표면. 석양을 받아 황금색으로 빛나고 있어 마치 사막을 보는 듯하다.

얀 도화지 위에 그려진 물체처럼, 온통 하얀 배경에서 관찰하는 대상을 또렷하게 제대로 볼 수 있을 것 같아 가고 싶다고.' 생각하기에 따라서는 이곳에서의 시간은 순수하게 사물을 바라보고 느끼고 마음을 정화시킬 수 있는 시간이 아닐까? 한국에서 무심히 보던 구름이 이곳에서는 하나하나 특별했다. 양털구름, 렌즈구름, 그리고 이름 모를 많은 형상들. '그래 남극은 멋진 곳이고 나는 지금 남극에 와 있다. 이 축복을 어이 다 표현하리.' 자기최면 속에서 광활하게 펼쳐져 있는 얼음 바다 위에 선명한 둥근 보름달을 내 방 서쪽 창문에서 보았다.

컨테이너 온실을 관리하는 류준한 대원이 처음 씨를 뿌린 방울토마토가 열매를 맺었다는 기쁜 소식을 전했다(그림 3-22). 하루

하루 몇 개가 열렸나 우리에게 알려주었다. 20개 정도 열린 방울토마토는 7월의 마지막 날, 태양 가득한 지중해를 생각하며 스페인식 볶음밥 빠에야를 만들 때 잘게 다져 놓았다. 방울토마토 한 알을 이렇게 소중히 여겨 본 적이 있었나? 평소 눈여겨보지 않았던 무꽃, 갓꽃, 고추꽃도 신선한 청량제였다. 이렇게 온실에서 피는 꽃과 열매들은 또 다른 감동이자 위안과 기쁨이 되었다.

어쩌다 날씨가 좋으면 스키를 타러 가기도 했지만 그것도 겨울이 깊어지면서 눈이 그대로 얼음으로 변해 이마저도 할 수 없었다. 그리고 무엇보다 뼈가 부러지기라도 하면 기지에서는 치료를 못하고 비행기가 들어올 때를 기다려 칠레로 수송될 수밖에 없기 때문

그림 3-22

세종기지 온실에서 키운 방울토마토와 채소들. 눈보라치는 한겨울에도 잘 자라주어 가끔씩 싱싱한 채소를 맛볼 수 있었고 정서적으로도 큰 위안이 되었다.

에 대원들은 다치는 것을 매우 두려워해 과격한 활동은 하지 않으려 했다. 그래서 나름 고심해서 개발한 것이 인간 루돌프 같은 좀 우스꽝스러워 보이는 놀이였다(그림 3-23). 한 사람은 루돌프 순록이 돼서 다른 사람이 타고 있는 썰매를 끄는 것인데 무릎 위까지 쌓인 눈을 헤치고 나아가는 것은 매우 힘들어 보였다. 경기가 끝나고 모두들 눈 위에 널브러진 것을 보니 고립감으로 흐트러진 마음을 추슬러 길고 어두운 시간의 터널을 무사히 지내고자 하는 대원들의 고심이 엿보여 안쓰럽기도 하고 대견하게 생각되기도 했다. 이 외에도 대원들은 얼음 연못에서 축구 등을 하면서 여가시간을 보냈다. 과학과 기술의 발달로 100년 전 탐험 시대처럼 생존이 절대적인 문제가 되지는 않았지만, 등 따시고 배부르면 딴생각이 난다고 이제는 행복감, 성취감이 요구되는 시대이다. 그래서 최근에는 남극에서 오랜 시간을 보내는 사람들의 육체적 정신적 건강을 위한 의학적인 연구가 많이 진행되고 있다.

그림 3-23
해를 거의 볼 수 없는 한겨울의 무료함을 달래기 위해 해 본 인간 루돌프 놀이. 눈보라와 추위도 아랑곳하지 않고 경기를 끝낸 후 지친 대원들이 눈 위에 털퍼덕 주저앉아 있다.

은하수와 별이 총총한 세종기지의 겨울 밤하늘 (사진 김영웅)

4장
봄(9~11월): 열림開

꽁꽁 얼어붙었던 기지 앞바다는 9월 말이 되어서야 서서히 열리기 시작했다. 웨델해표들은 여기저기서 새끼를 낳기 시작했고, 강남 갔던(?) 제비갈매기와 펭귄들이 돌아오기 시작했다. 균열이 생긴 해빙 위에는 물개와 게잡이해표가 수백 마리씩 무리 지어 나타났다가 사라지곤 했다. 또 바다가 열리면서 남쪽에서 거대한 빙산들이 흘러 들어오기 시작했다.(사진 – 11월 말 활짝 열린 바다에 남극 대륙에서 떨어져 나온 빙산이 흘러들었다. 바다는 열렸으나 땅과 산에는 아직 눈이 덮여 있다.)

그림 4-1

9월 중순 백두봉 정상 바로 아래 능선에서 바라본 맥스웰만. 저 멀리 만 입구까지 하얗게 얼음에 덮여 있었다.

9월의 첫날부터 하루 종일 블리자드가 불었다. '화이트 아웃.' 시계가 제로 상태로 창밖을 내다보면 구름 속에 있는 것 같았다. 오후 들어 남서풍 계열의 바람이 점점 강해졌다. 건물이 하나의 거대한 악기처럼 피리 소리를 내며 흔들렸다. 동풍이나 남풍이 불 때면

산이 바람을 막아 비교적 조용한데 바다를 건너 거침없이 불어오는 서풍이나 북풍 계열일 때는 소리가 보통 요란한 게 아니다. 다음 날 새벽까지 계속되는 블리자드로 밤새 잠을 설치고 새벽에 겨우 잠이 들었다.

봄이 가까운 9월이지만 주변은 온통 흰 눈과 얼음에 덮여 있었다. 수시로 기온이 영하 10도 이하로 떨어지고 2~3일마다 블리자드가 불곤 해서 바깥 날씨가 여간 매서운 게 아니었다. 2015년 9월의 평균 기온이 영하 7.1도로 예년 평균인 영하 3.7도보다 한참 낮았고, 연중 최저를 기록했다. 예년에는 연종 최저기온이 7월이나 8월에 나타나곤 했었는데 9월에 최저기온을 기록한 것은 매우 이례적이었다. 아무튼 9월이 이렇게 추운 바람에 봄이 오는 속도가 좀 늦어지는 것 같았다. 그래도 낮의 길이가 길어지고, 월동이 끝나간다는 생각에 모두의 표정이 조금씩 밝아지고 있었다.

중순이 지나고도 영하 10도 이하의 저온과 흐린 날씨가 계속되었다 바람까지 강하게 불어 체감온도는 영하 20도나 되었다. 이틀이나 연이어 블리자드가 불고 난 뒤 모처럼 구름 사이로 파란 하늘과 햇빛을 보았다. 눈과 얼음 위에 빛이 쏟아져 눈이 부셨다. 하지만 영하 11도의 날씨에 열기는 없이 그저 빛만 살아 있는 것 같았다. 쌀쌀한 날씨건만 겨우내 갇혀 지낸 우리들은 오랜만에 설상차를 타고 주변을 돌아보기로 했다. 가야봉, 백두봉을 거쳐 포터소만 까지 내려갔다가 세종기지 뒤편에 있는 아라온곡, 전재규봉을 거 쳐 돌아오는 코스였다. 주변에서 가장 높은 봉우리인 백두봉에서 바라보니, 맥스웰만은 물론 멀리 남극 반도까지 아직 바다가 하얗 게 얼어 있었다(그림 4-1). 아르헨티나 기지 앞바다인 포터소만도 여전히 꽁꽁 얼어 있었다. 멀리 해빙 위에는 물개, 해표가 여기저기 눈에 뜨이고 스노우페트럴, 자이언트페트럴, 남극페트럴 등이 해 안가에서 날아다녔다. 아직 봄이 오는 징조는 보이지 않는 것 같았 다. 우리들은 포터소만의 빙벽 앞에서 그림도 찍고 눕기도 하고 눈 에 푹푹 빠지며 뛰어다니기도 하면서 가슴 속에 쌓여 있던 답답함 을 날려 보냈다.

2 드디어 바다가 열리다

9월 21일 드디어 낮의 길이가 밤의 길이보다 길어졌다. 역시 춘 분(북반구에서는 추분)이 가까워 오니 봄기운이 완연해지는 것 같 았다. 저녁 7시까지도 날씨만 좋으면 야외활동을 할 만해졌다. 꽁 꽁 얼어붙어 요지부동이던 바다도 블리자드가 연이어 불어대면서 먼 바다부터 얼음이 깨져나가기 시작했다. 드디어 추석을 하루 앞 둔 날에는 하룻밤 블리자드에 앞바다 얼음이 반 이상이 밀려가버

극지과학자가 들려주는 남극의 사계 - 여름, 가을, 겨울 그리고 봄

렸고 남아 있는 것도 여기저기 균열이 생겨 파도에 출렁거렸다. 수심이 깊은 바다의 얼음이 깨져 나가면서 해안가에 붙어 있던 고착빙도 상당 부분 떨어져 나가기 시작했는데 해변에 남아 있는 고착빙은 생각보다 훨씬 두꺼웠다. 보통 1미터가 넘었고 2미터 가까이 되는 것들도 많았다(그림 4-2). 두터운 얼음이 얹혀있던 해안은 자갈들이 판판하게 다져져 있어서 걷기에 편해졌다. 드러난 밑부분에 갈색의 띠가 뚜렷이 보이는 얼음들도 여기 저기 눈에 띄었다. 겨우내 얼음 밑에 붙어 있었던 해빙조류Seaice algae인데 이제 점점 강해지는 햇빛을 받아 얼음이 녹으면 물속으로 배출되어 식물플랑크톤으로 빠르게 증식해 크릴, 성게, 조개 등의 바닷속 초식동물을 먹여 살릴 것이다.

그림 4-2
겨우내 서로 엉겨 붙었던 두꺼운 팩아이스들이 블리자드에 떨어져 나가 세종곶 해변에 좌초해 있다. 두께가 1미터가 넘는다.

이후에도 11월 초까지 수시로 유빙이 빽빽하게 들어차고 살얼음이 얼기도 했지만, 바다는 이미 많은 변화를 통해 봄이 오고 있음을 알려 주었다. 표범해표 네댓 마리가 큼직한 해빙 위에 여기저기 드러누워 있고, 사냥을 하고 있는지 물속에서 위협적으로 머리를 빠끔 보이고 있는 것들도 있었다. 활짝 열린 바다에 고래도 다시 들어와 시원스레 물을 내뿜었다.

얼음을 타고 방랑하는 겨울나그네, 게잡이해표

바다에 많은 변화가 오기 시작하면서 우리는 색다르고 놀랄 만한 풍경을 수시로 볼 수 있었다. 9월 말 블리자드로 균열이 생긴 해빙 위로 게잡이해표 수백 마리가 맥스웰만 입구에서 마리안소만 초입까지 전역에 나타났다. 망원경으로 보니 바다 건너편 칠레기지 앞 바다와 러시아기지, 우루과이 기지 해안에도 수백 마리가 얼음 위에 있었다. 대략 시야에 들어오는 것만도 사오백 마리는 훌쩍 넘는 것 같았다(그림 4-3). 그동안 여름철에도 가끔 한두 마리씩 보기는 했지만 이렇게 많은 무리를 본 것은 처음이었다. 이 희귀한 광경을 보기 위해 서둘러 세종곶으로 가보니 불과 수십 미터 지척에 칠팔십 마리가 있었다. 색깔도 은빛에서 회색, 갈색 등 다양했다. 게잡이해표 무리 속에는 일주일 전 태어난 웨델해표 새끼와 어미를 포함 웨델해표 몇 마리가 눈에 띄었지만 게잡이해표가 압도적으로 많았

9월 말 세종곶 앞바다 해빙 위에 나타난 수백 마리의 게잡이해표Crabeater seal, *Lobodon carcinophaga* 무리 (사진 김덕규)

다. 커다란 해빙 위에는 표범해표가 드러누워 있었다.

　남극에 서식하는 해표는 웨델해표, 표범해표, 코끼리해표, 게잡이해표 4종류인데 이 중 가장 숫자가 많은 것이 게잡이해표이다. 몸길이 2.5미터, 무게 400킬로그램 정도로 해표 중에서 가장 몸집이 작고 날씬하다. 그래서 물개처럼 몸통을 세우고 파도처럼 율동적으로 빠르게 이동할 수 있는데, 이 모습이 매우 인상적이다. 또 암컷이 조금 더 큰 표범해표와 웨델해표와는 달리 게잡이해표는 암수 크기가 비슷하다. 혼자 살아가는 웨델해표와 표범해표와는

8월 초 기지 해안에서 발견한 이 게잡이해표. 온몸에 칼로 그은 듯한 상처를 지니고 있었다.
(사진 정경철)

달리 게잡이해표는 두 마리 이상이 같이 지내거나, 수백 마리씩 무리 지어 사냥을 하기도 하는데, 표범해표와 같은 포식자로부터 자신을 보호하기 위한 것일 게다. 표범해표 외에 범고래도 게잡이해표를 잡아먹는데(Siniff and Bengston, 1977), 세종기지 주변에는 범고래가 나타나지 않는다. 세종기지에서 처음 대장으로 월동을 한 장순근 박사는 두 차례 본 적이 있다고 했으나(장순근, 1999) 최근에는 목격자가 없다. 게잡이해표 새끼들의 80%가 표범해표에 잡혀 먹히고 살아남은 새끼들도 대부분 표범해표에 공격당한 상처를 몸에 지니고 있다고 한다. 그래서 성체도 약 83%가 긴 평행선의

상흔을 갖고 있다(Adam, 2005). 그러고 보니 지난 8월 초 헬기장 앞 해변에 웨델해표도 아니고 표범해표도 아닌 해표 한 마리를 발견한 적이 있었다. 고개를 갸우뚱하면서 가까이 가보니 몸에는 칼로 그은 듯한 상처가 여러 줄 나 있고, 입 가장자리와 몸통 그리고 눈 위에 피처럼 붉은 얼룩이 여기저기 있었다(그림 4-4). 게잡이해표를 가까이에서 처음 본 것이어서 얼른 알아보지 못한 것이었다. 붉은 얼룩은 크릴을 잡아먹었기 때문이었다. 지난 4월에 어린 새끼를 본 적이 있었다. 어린 새끼는 털 색깔이 진한 갈색이었는데(그림 2-10 참조) 성체는 털갈이를 하면서 색이 흐려진다고 한다.

그림 4-5

번식기인 10월 초 세종기지 헬기장 옆에서 발견된 암수 한 쌍으로 보이는 게잡이해표 두 마리. 암수 크기가 비슷하다. 표범해표와 같은 천적으로부터 자신을 방어하기 위한 습성인지 가까이 가면 매우 경계하고 때론 공격적이다. 내가 가까이 갔더니 수놈으로 보이는 놈이 앞으로 소리를 지르며 달려들었다.

게잡이해표는 떠다니는 팩아이스 위에서 새끼 낳고, 쉬면서 평생을 보낸다. 유빙이 집인 것이다. 게잡이해표는 9월 말~11월 초에 새끼를 낳는데 암컷이 새끼를 낳고 키우는 동안 수컷이 같이 있으면서 보호해 준다고 한다(그림 4-5). 수유기 동안 암컷의 몸무게는 약 50%가 준다고 한다. 해빙을 타고 봄(9~11월)에는 남쪽으로 가을(3~5월)에는 북쪽으로 이동한다. 평생을 자신이 태어난 해안을 벗어나지 않는 웨델해표와 달리 게잡이해표는 얼음을 타고 먼 거리를 왔다 갔다 하는 것이다. 얼음이 교통수단이자 집인 것이다. 해빙이 깨져 나가기 시작하는 9월 말에 수백 마리가 무리 지어 나타난 이후, 11월 초까지 해빙 위에서 수십 마리씩 보이다가 해빙이 점점 줄어듦에 따라 보기 힘들어졌다. 얼음을 타고 남쪽으로 갔겠지.

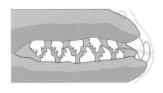

그림 4-6

게잡이해표의 이빨 (출처: Wikipedia 2017-4-19 접속)

게잡이해표는 게를 주식으로 먹을까?

남극에는 게가 없다. 이름과는 달리 게를 먹지 않고 크릴을 주식으로 한다. 크릴을 걸러 먹을 수 있도록 체처럼 생긴 이빨의 모양이 특이하다. 20세기 초 남극해에서 고래와 물개를 잡던 사람들에 의해 잘못 이름이 붙여졌다고 한다. 개체 수가 최소 7백만에서 수천만으로 전 세계 해표 중에서 가장 숫자가 많을 것으로 추정하고 있다. 게잡이해표의 개체 수가 이렇게 많은 것은 남극 바다에 엄청나게 많은 크릴을 주먹이로 하기 때문이라고 한다.

그림 4-7

세종기지 앞바다에 나타난 거대한 빙산들. 본격적인 여름이 시작되기 전인 10월~11월에 많이 나타났다. (사진 정경철)

거대한 빙산들의 출현 10월부터는 여름철에는 보기 힘든 거대한 빙산들이 맥스웰만과 마리안소만에 자주 나타나기 시작했다. 남극대륙 쪽에서 깨져 나온 빙산들이 북쪽으로 이동하면서 해류를 따라 나타난 것 같았다. 여름철보다 해빙이 풀리기 시작하는 봄철(10~11월)에 오히려 큰 빙산들이 나타났다(그림 4-7). 그동안 여름철 십여 차례 세종기지를 왔지만 이렇게 큰 빙산을 본 적은 없었다. 아마도 여름으로 갈수록 녹아내리거나 깨져서 크기가 점점 작아지기 때문일 것이다.

기지 부지 전체에는 아직 평균 1미터가 넘는 눈이 산더미 쌓여 있었지만 10월 들어 기온이 상승하고 비가 수시로 내리면서 부피가 줄어들어 쌓인 눈의 높이가 하루가 다르게 낮아지고 있었다. 발밑에 밟히는 눈도 팥빙수 얼음처럼 서걱서걱해져서 잔뜩 수분을 머금고 있는 것이 느껴졌다. 주변의 산봉우리들도 눈이 걷히면서 조금씩 검은 능선이 보이기 시작했다. 몇 달 만에 고무보트를 띄워 보기로 했다. 부두 안쪽에는 사람 키만큼 두꺼운 해빙이 아직 남아 있었다. 부두 위로 오르내리는 사다리를 걸쳐놓는 부분도 아직 얼음이 덮여 있어 제거작업을 해야 했다. 그동안 기지에만 갇혀 있는 대원들은 마음이 들떠 아침부터 굴삭기를 동원해서 보트창고 앞 제설작업, 부두 얼음깨기 작업을 했다. 약 100일 만에(7월 1일 ~10월 12일 동안 보트 운영 정지) 우리는 성공적으로 고무보트 운영을 했다.

아름다운 군무를 보여준 알락풀마갈매기 떼 10월이 되니 낮의 길이도 길어지고 날씨가 좋아져서 해를 보는 날이 점점 많아졌다. 햇살의 힘도 강해졌다. 사방이 온통 얼음이고 눈이니 엷은 구름이 덮여 있고 맑게 파란 하늘도 아니건만 반사되는 빛이 더해 눈이 부셨다. 어둡고 음울한 긴 시간을 무사히 지나 온 대원들의 얼굴도 밝아지고 있었다. 화창한 10월의 오후 침실에서 세종곶

쪽으로 나있는 창밖으로 내다보니 멀리 세종곶에 수많은 새들이 공중을 어지럽게 날라 다니고 있었다. 옷을 챙겨 입고, 세종곶으로 향했다. 눈이 서걱서걱해지면서 한겨울보다 걷기가 더 힘들어졌다. 중간중간에 눈에 살짝 덮인 구덩이 같은 것들이 있어 잘못 발을 디디면 허리춤까지 푹 빠지곤 했다. 세종곶에 나가보니 햇빛 찬란한 바다 위에 눈부시게 하얀 빙산이 떠 있고 알락풀마갈매기, 남극재갈매기, 남극제비갈매기 등 수백 마리가 공중에서 떼를 지어

세종기지를 찾아 온 알락풀마갈매기 떼

알락풀마갈매기Cape petrel, *Daption capense* 남빙양에 흔한 페트럴 중의 하나로 몸길이는 약 40센티미터이고 날개를 폈을 때 80~90센티미터 그리고 몸무게는 약 400그램 정도다. 이름처럼 머리는 검은색이나 등과 날개 부분이 검은색과 흰색이 섞여 알록달록해서 쉽게 알아볼 수 있다. 크릴과 같은 갑각류를 주로 먹고 물고기나 오징어도 먹는다. 떼를 지어 다니며 11월에 한 개의 알을 낳고 약 45일 후 부화한다. 부화한 새끼가 체온을 보호할 수 있는 깃털이 날 때까지 10일간 어미가 품고 있다. 암수가 같이 새끼를 돌본다. 약 45일 후 완전히 깃털이 다 난다.

그림 4-9

화창한 10월의 어느 날 수면 위에서 날아오르는 알락풀마갈매기 떼

날아다니고 있었다. 온갖 생명이 깨어나고 탄생하고 돌아오는 풍요로운 남극의 여름이 다가오고 있음이 느껴졌다. 특히 깃털이 알록달록해서 멀리서도 쉽게 알아볼 수 있는 알락풀마갈매기들이 수십 마리 또는 백여 마리씩 떼를 지어 공중을 어지럽게 날아다니는 모습은 장관이었다(그림 4-9).

세종곶은 홀로세(1만 년 전~현재) 이후 융기한 자갈 해변(Lopez Martinez et al. 2012)으로 수심이 낮은 곳이 바다 쪽으로 넓게 펼쳐져 있는 곳인데 일 년 내내 바다가 꽁꽁 얼어 있던 한겨울에도 수많은 새들과 물개, 해표들이 왔다 갔다 했다. 수심이 얕기 때문에 새들의 먹잇감을 사냥하기도 좋고 넓게 펼쳐진 자갈 해변에는 두 개의 큰 담수호도 있어 야생동물의 서식처이자 휴식처 역할을 톡톡히 하는 곳인 것 같았다. 공중을 어지럽게 날고 있는 새들 중 단연 눈에 띄는 것은 알락풀마갈매기 떼였다. 5월 말에 맥스웰만, 기지해안에서 기껏해야 몇 마리씩 보곤 했는데 수백 마리가 떼를 지어 나타난 것은 여름이 시작되는 10월~11월이었다. 보통 수십 마리 많게는 백여 마리가 무리 지어 날아다니곤 했다. 알락풀마갈매기는 남극반도와 아남극 도서지방에서 주로 번식하는데, 겨울철에는 따뜻한 북쪽으로 이동한다. 크릴과 같은 갑각류가 주식으로 어류나 오징어, 그리고 선박에서 버려진 음식쓰레기나 동물의 사체 등을 먹기도 한다. 봄이 되자 다시 남쪽으로 내려오는 것이리라.

3 여름맞이에 바빠진 생물들

아름다운 모성을 보여 준 웨델해표

세상에서 가장 아름다운 모습 중 하나는 엄마가 아기에게 젖을 먹이는 모습일 게다. 야생동물이라고 해서 결코 사람보다 덜하지 않음을 경험했다. 바다가 아직 꽁꽁 얼어붙어 있던 9월 중순이 좀 지난 어느 날 창밖을 보니 세종곶에 해표 한 마리가 누워 있는 것 같은데 주변으로 새들이 여러 마리 모여들고 있었다. 망원경으로 보니 흰 눈 위에 빨간 핏자국이 있고 조그만 덩어리가 해표 옆에 있었다. '아! 새끼를 낳은 모양이구나.' 밖은 세찬 바람과 함께 눈이 날리고 있었다. 몇몇 대원과 함께 가보니 해빙 위에 예쁜 새끼와 어미가 피범벅이 된 채로 눈을 맞고 있었다. 그러고 보니 엊그제 오랜만에 백두봉을 비롯해서 포터소만까지 설상차 탐방을 나갈 때 세종곶 해안가에서 배가 잔뜩 부른 웨델해표 한 마리를 본 적이 있었다. 가까이 가자 무거운 몸을 이끌고 바다 쪽으로 느리게 이동하던 모습이 생각났다. 아무래도 그때의 웨델해표가 새끼를 낳은 것 같았다. 웨델해표는 주로 해안이나 고착빙 위에서 새끼를 낳는데 이는 표범해표나 범고래 같은 포식자를 피하기 위해서라고 한다. 세종기지에는 범고래는 없지만 표범해표는 자주 나타난다.

칼집부리와 재갈매기 여러 마리가 몰려들어 태반 찌꺼기와 핏자국을 쪼아 먹고 있었고 자이언트페트럴 한 마리는 어미와 새끼 바로 앞에 진을 치고 있으면서 끈질기게 해표 모자를 성가시게 하고 있었다. 어미는 가끔씩 위협적으로 둔한 몸을 일으켜 자이언트페트럴을 쫓아내곤 했으나 자이언트페트럴은 잠시 뒤로 물러섰다가 다시 다가가곤 했다. 갓 태어난 새끼를 노리는 것 같았다. 기지로 돌아와 망원경으로 보니 자이언트페트럴은 몇 시간을 그렇게 꼼짝 않고 있었다. 물론 어미의 보호 아래 새끼는 무사했고 그 뒤로 잘 자라는 것을 보았다.

매번 남극에 갈 때마다 해안가에 육중한 몸으로 누워 있다가 사람이 지나가면 머리를 쳐들고 눈 한번 껌뻑하고는 다시 드러눕곤 하던 '순하고 무사태평해 보이지만 조금은 게을러 보이는 남극의 생물'이 웨델해표에 대한 나의 꾸준한 생각이었다. 한 번도 새끼를 본 적이 없었는데 너무나 당연한 것이었다. 본격적으로 남극의 여

그림 4-10

세종기지 해안에서 휴식을 취하고 있는 웨델해표

웨델해표Weddel Seal, *Leptonychotes weddellii* 가장 사랑스럽고 정이 가는 남극생물, 포유류라서 그런지 인간과 너무 닮았다! 얼굴 표정도 입꼬리가 올라간 것이 슬퍼서 웃는 것 같다. 다른 해표 종류와는 달리 순수 남극 토착종으로 평생을 태어난 곳 수 킬로미터 이내에서 살아간다. 이름처럼 웨델해에서만 서식하는 것이 아니고 남극해 전역에 분포하며, 포유류 중에서 가장 남쪽인 남위 77도 맥머도 기지 근처에까지 서식한다. 암수 모두 성체는 3미터, 몸무게가 400~600킬로그램에 달하는데 암컷이 좀 더 크다. 큰 몸집에 비해 머리는 작은 편이고, 몸 색깔은 등 쪽이 진한 회색, 배 쪽이 열은 회색 바탕에 알록달록한 흰 반점 무늬가 몸 전체에 있어 쉽게 식별이 된다. 평균 수명 30년, 보통 6~8년 후 성적으로 성숙한다. 어류, 크릴 오징어 등을 주식으로 한다. 600미터까지 잠수할 수 있고 물속에 45분 정도 있을 수 있다. 겨울에 해빙 위에서 이빨을 이용해서 얼음에 구멍을 뚫고 사냥을 하러 들어간다.

름이 시작되기 전인 9월 말부터 새끼를 낳기 때문이다. 초여름(9월 초에서 11월 사이)에 한 마리의 새끼를 낳는데 두 마리를 낳는 경우도 있다. 아직 주변의 바다는 꽁꽁 얼어 있고, 먹이를 구하기도 쉽지 않아 보이는데도 여름 전에 새끼를 낳는 이유는 본격적인 여름이 오기까지 어미의 비호 아래 새끼를 양육시켜 여름이 되면 본격적으로 독립을 시키기 위함인 것 같았다. 약 두 달간 모유를 먹고, 이후에는 직접 사냥을 한다. 생후 2주가 되면 어미가 새끼를 데리고 수영을 시작한다. 웨델해표는 평생을 자기가 태어난 해안에서 크게 벗어나지 않는다고 한다. 그렇다면 우리가 세종기지 주변에서 보는 웨델해표들은 다 일가친척일 확률이 높다.

그림 4-11

10월 초 기지 주변에서 발견된 웨델해표 어미와 새끼들. 새끼들은 9월 하순 비슷한 시기에 태어났는데 털 색깔과 무늬가 아주 다르다. 왼쪽의 해표 모자는 배 부분이 옅은 회색에 점박이 무늬가 희미하나, 오른쪽 해표 모자는 배 부분이 진한 회색 바탕에 점박이 무늬가 뚜렷하다.

9월 하순부터 기지 주변에서 총 4쌍의 웨델해표 어미와 새끼를 보았는데, 털 색깔, 몸통의 무늬나 얼굴 생김새, 심지어 눈 크기까지도 다 달라 쉽게 구분이 되었다. 새끼는 자라면서 어찌 그리 제 어미를 닮아 가는지 신기할 정도였다. 가야봉 가는 길에 있는 해안에서 발견된 해표 모자는 배 부분이 진한 회색에 점박이 무늬도 진해서 바탕색도 무늬도 희미한 다른 해표들과 아주 생김새가 달라 보였다(그림 4-11). 성장 속도에도 차이가 있는 것 같았다. 세종기지에서 태어난 해표는 13일 만에 탯줄이 떨어졌는데 세종곶에서 태어난 새끼는 8일 만에 탯줄이 떨어졌다. 공통된 점은 가까이 가면 어미가 새끼를 보호하기 위해 소리를 지르며 새끼를 자신의 몸으로 가리려고 애쓰는 것이었다.

웨델해표 한 마리는 세종기지에서 새끼를 낳고 한 달 가까이 기지에 머물면서 새끼에게 젖을 먹이고 키웠다. 그래서 특별히 새끼에게 '세종이'라고 이름을 붙여주고, 매일매일 가까이에서 새끼가 커가는 모습, 어미의 지극한 정성, 젖 먹이는 모습 등을 보면서 그동안 해변에 게으르게 누워 있는 뚱뚱한 모습으로만 각인되었던 웨델해표에서 인간 못지않은 뜨거운 혈육의 정이 있음을 느꼈다. 세종이가 커가는 모습을 육아 일기로 정리했다(부록 '웨델해표 세종이 육아일기' 참조).

집으로 돌아오는 제비갈매기와 펭귄들

남극에도 강남 갔던 돌아오는 제비가 있다. 남극제비갈매기다. 몸길이가 40센티미터가 채 안 되는 작은 새로 부리는 빨갛고, 날개 끝부분을 제외하고는 전체적으로 밝은 회색빛의 깃털을 갖고 있으며 머리 부분이 검어 마치 모자를 쓴 듯하다. 날아다니는 모습이 정말 우리가 보는 제비와 흡사하다. 작은 물고기나 갑각류를 주로 먹는데 이들을 위협하는 포식자는 단연 도둑갈매기다.

그림 4-12

9월 말 해빙 위에 나타난 수백 마리의 남극제비갈매기 Antarctic tern, *Sterna vittata* 떼 (사진 정경철)

극지과학자가 들려주는 남극의 사계 - 여름, 가을, 겨울 그리고 봄

 앞바다 얼음도 하루가 다르게 줄어들고 푸석푸석해져 가는 9월
말 해빙 위에 남극제비갈매기 수백 마리가 나타나기 시작했다. 한
여름 세종기지 주변 해안가 여러 곳에 집단 서식지가 있는데 이곳
을 지나갈 때마다 여러 마리가 공중을 선회하며 시끄럽게 지져대
곤 했었다. 겨울이 본격적으로 시작된 6월 중순 이후 기지 부근에
서 완전히 자취를 감추었는데 바다가 녹기 시작하면서 다시 돌아
온 것이다. 해안가 서식처가 아직 눈에 덮여 있어서인지 10월 내내
수백 마리가 둥지로 돌아가지 않고 앞바다 얼음 위에서 머물렀다
(그림 4-12). 남극제비갈매기는 11월 중순에서 12월 초에 알을 낳
고 12월에서 1월 사이에 부화한다.

이전에 월동을 했던 대원들에게 들은 얘기가 있다. 봄이 되면 수백 수천 마리의 펭귄들이 줄지어 펭귄마을로 돌아오는데 아주 장관이라고 했다. 기지 앞을 바로 지나간 적도 있었다고 했다. 애석하게도 나는 이 장면을 못 보았지만 몇몇 대원은 10월 말 우연히 목격을 하였다(그림 4-13). 그런데 펭귄마을의 펭귄들은 한꺼번에 돌아오지 않고 몇 차례 나누어서 그리고 우리가 목격한 때보다 이른 시기에 돌아오기 시작하는 것 같았다. 9월에 이미 많은 펭귄들이 펭귄마을에 돌아와 있었던 것이다. 펭귄마을로 가는 길은 겨우내 빙판길이고 눈이 쌓여 있어서 가볼 수가 없었지만 9월 중순 인

극지과학자가 들려주는 남극의 사계 - 여름, 가을, 겨울 그리고 봄

집으로 돌아오는 젠투펭귄들. 10월 말 운 좋은 한 대원이 우연히 보고는 카메라에 담았다.
(사진 정경철)

근 산봉우리에서 펭귄마을을 내려다보았을 때, 크릴을 먹었을 때 특징적으로 배설되는 분홍빛 똥 무더기를 멀리서도 뚜렷하게 알아볼 수 있었다. 10월 초에는 펭귄마을 근처 앞바다에서 무리 지어 수영하는 것도 카메라에 잡혔다. 겨울철에도 간간히 몇 마리, 몇 십 마리가 기지 앞 바다에 출현하기는 했어도 대부분은 펭귄마을을 떠나 어디론가 갔다가 다시 돌아온다. 펭귄을 연구하는 학자들도 이들이 어디로 가는지는 모른다고 한다. 아직 우리는 남극의 야생 동물에 대해서 모르는 것이 너무나도 많다.

도둑갈매기 군단의 귀환

남극 여름의 시작을 확실히 알려 준 것은 도둑갈매기였다. 웨델해표가 아직 겨울의 기운이 감도는 9월에 새끼를 낳고 젖을 먹여키우는 것과는 달리 도둑갈매기는 웨델해표 | **남극 여름의 시작을 확실히 알**
새끼가 어미젖을 떼고 독립하기 시작하는 시 | **려준 것은 도둑갈매기였다**

기에 나타나기 시작했다. 또 펭귄들이 펭귄마을에 대부분 돌아온이후에 도둑갈매기들이 하나둘씩 돌아오기 시작했다. 5월 중순 이후에 기지 주변에서 완전히 사라졌던 도둑갈매기의 재등장은 자못당당하고 위협적이기까지 했다(그림 4-14). 10월 27일 세 마리의

그림 4-14
5월 이후 긴 겨울 동안 자취를 감추었던 도둑갈매기가 10월 말 다시 그 모습을 나타냈다.

극지과학자가 들려주는 남극의 사계 - 여름, 가을, 겨울 그리고 봄

도둑갈매기를 처음 보았는데 척후병이 아닐까 싶었다. 이후로 점점 그 수가 늘어나기 시작해서 원래 살던 기지 근처 '도둑갈매기 연못'에 한 무리가 몰려들었다. 이와는 반대로 도둑갈매기의 먹잇감인 스노우페트럴은 점점 수가 줄어서 11월 중순경에는 볼 수가 없었다.

세종기지가 지척인 이 도둑갈매기 연못에서는 한때 최대 100여 쌍이 번식했으나, 최근에는 그 수가 부쩍 줄었다. 아무래도 사람들의 빈번한 발길이 영향을 준 것이리라. 무릇 무리 지어 사는 새들이 그러하듯이 도둑갈매기도 집단행동을 보이는 경우가 많다. 여름철 도둑갈매기 연못 근처에 시료를 채집하러 갔다가 갑자기 몰려든 수십 마리의 도둑갈매기 떼에 놀라 서둘러 기지로 돌아왔던 적이 있었다. 족히 50여 마리는 되어 보였는데 질서 정연하게 나를 향해 물가에 내려앉더니 꼼짝도 않고 앉아 있는 것이 아닌가! 마치 명령을 기다리면서 정렬해 있는 군단을 보는 듯했다. 1963년 상영

남극의 어떤 야생동물이 인간보다 더 공격적일 수 있을까?

된 알프레드 히치콕 감독의 스릴러 〈새〉라는 영화가 생각났다. 수많은 새들이 인간을 공격하는 내용의 영화였다. 하지만 영화 속의 새 떼들이 돌발적으로 사람을 공격했다면 남극의 도둑갈매기들은 단지 침입자로부터 자신들의 영토를 지키기 위한 행동을 보였을 뿐이었다. 남극의 어떤 야생동물이 인간보다 더 공격적일 수 있을까?

4 세종기지를 떠나며

기지 주변에 쌓여 있는 딱딱해진 눈을 굴삭기로 파내는데 그동안 쌓인 눈이 사람 키를 훌쩍 넘어 있었다. 녹지 않고 겨울 내내 차곡차곡 쌓이면서 다져졌기 때문이었다. 해가 길어지니 모두의 표정이 밝아지고 너그러워졌다. 다 함께 여유로운 마음으로 새 식구를 맞이하기 위해 기지 이곳저곳을 청소하고 쓰레기를 분리 수거해 반출 컨테이너에 입고했다. 처음 이곳에 도착했을 때의 들떠 있던 감흥은 사라지고, 모두들 하루빨리 이곳을 떠나고 싶은 열망이 가득 차 있었다. 혹여 기상이 나빠져 출발이 늦어지기라고 하면 큰 난리가 날 것 같은 분위기였다. '일 년은 기다려도 하루는 못 기다린다'고 전에 한 월동대원이 한 말이 기억났다. 기상예보를 알아보니 우리가 이곳을 떠나기로 한 날은 날씨가 안 좋아 비행기가 들어

그림 4-15
겨우내 사람 키를 훌쩍 넘게 쌓인 눈, 돌처럼 딱딱하게 굳어져 포클레인으로 파내야 했다.

극지과학자가 들려주는 남극의 사계 - 여름, 가을, 겨울 그리고 봄

오지 못할 가능성이 있다고 했다. 부랴부랴 연구소에 연락해 하루 일찍 출발할 수 있도록 했다. 그렇게 우리는 374일을 보낸 남극에서 무사히 탈출했다. 다시는 처다보지도 않을 것처럼 영원한 이별을 고하듯 떠난 이들 중 여러 사람이 몇 달 후 다시 남극 월동을 지원했다. 나도 세종기지를 떠나온 지 2년이 되는 2017년 12월에 다시 세종기지에 연구하러 갈 계획이다. 남극에 또 가는 이유는 개인마다 다르겠지만 남극은 역시 중독성 있는 매력 있는 곳임에 틀림없다.

그림 4-16
2015년 12월 15일 세종기지를 떠나며: 푸른 바다 위로 햇살이 눈부시게 내리쪼이던 날, 우리는 일 년 전 이곳에 도착했을 때와는 또 다른 설렘으로 기지를 떠났다.

⟨부록⟩ 웨델해표 '세종이' 육아일기

극지과학자가 들려주는 남극의 사계 - 여름, 가을, 겨울 그리고 봄

1. 첫날(9월 25일) 오전 10시경 추석을 이틀 앞두고 제수 음식을 준비하던 우리들은 영하 7도 초속 15미터의 강풍 속에서 부두 옆 해빙 위에 새끼를 낳은 웨델해표를 창문으로 내다보고 모두 밖으로 뛰쳐나갔다. 주위는 온통 피범벅이고 어미와 새끼 모두에 탯줄이 길게 붙어 있었다. 갓 태어난 새끼는 갈색의 부드러운 털에 감싸여 있었고 뚱뚱한 어미와는 달리 쭈글쭈글한 몸통을 갖고 있었다. 새끼는 아직 젖꼭지를 찾지 못한 듯 앞다리처럼 생긴 어미의 앞지느러미Flipper만 자꾸 물어대고 있었다. 주변에는 피 냄새를 맡고 벌써 재갈매기, 칼집부리물떼새, 스노우페트럴 등이 주변을 배회하고 있었고 어미는 신경이 날카로워져서 그 육중한 윗몸을 벌떡 일으키며 입을 크게 벌리고 소리를 질러댔다. 정오가 넘어가자 기온이 영하 9도로 더 떨어지고 바람도 초속 18미터로 강해졌는데 어미는 바람을 등지고 누워 새끼의 바람막이가 되어주고 새끼는 힘차게 젖을 빨고 있었다. 우리 모두는 '세종이'의 탄생을 남극이 우리에게 준 반가운 추석 선물로 여겼다. 세종이는 암컷이었다.

(왼쪽)갓 태어난 웨델해표 새끼. 어미와 새끼가 탯줄이 붙은 채 지친 듯 늘어져 있다. (오른쪽)출생 3시간 후 젖을 힘차게 빨고 있는 아기 해표 세종이. 태반이 어미 꼬리지느러미 밑에 그대로 있다.

2. 2일째(9월 26일) 오전에 보니 세종이는 바람을 등지고 있는 어미 품속에서 포근하게 자고 있었다. 주변에는 재갈매기, 칼집부리가 모여들어 태반과 출산분비물 찌꺼기를 쪼아 먹고 있었다.

3. 3일째(9월 27일) 추석날이었다. 오전 9시부터 동풍이 불면서 기온이 영하 10도로 급강하하더니 오후에는 한 치 앞도 볼 수 없는 블리자드로 변해갔다. 초속 20미터가 넘는 블리자드가 불면서 긴 겨울 동안 꼼짝 않던 부두에 붙어 있던 두꺼운 해빙(고착빙)이 깨져 나가기 시작했다. 웨델해표 모녀가 필사적으로 높은 곳으로 이동하고 있었는데 조금 후에 해표 모자가 누워 있던 해빙이 큰 조각으로 떨어져 나가고 있었다. 야생동물들의 본능은 정말 놀랍다. 그대로 있었다면 어린 새끼는 꼼짝없이 바다에 빠져 죽었을 것이다. 실제로 어린 해표 새끼들이 죽는 가장 큰 이유는 얼음이 깨져서 익사하는 것이라고 한다. 갓 태어난 해표 새끼는 어미처럼 두꺼운 지방층도 없고 수영도 못하기 때문이다.

어미가 필사적으로 머리로 눈을 파고 이빨로 얼음 경사면을 갈아 길을 평탄하게 만들어 새끼가 올라올 수 있도록 애를 쓰고 있으나 새끼는 경사면을 오르지 못하고 있었다. 어미는 밑으로 내려가 꼬리로 새끼를 밀어 올리기도 하나 초속 20미터가 넘는 강풍을 안고 올라가야 하는 일이 어린 새끼한테는 역부족인 것 같았다. 먼저 성큼 부두 위로 올라 온 어미는 새끼가 아직 못 오른 채 밑에 남아 있자 다시 내려가 새끼가 바다 쪽으로 미끄러져 내려가지 않도록 몸으로 지탱해 주었다. 다음 날 보니 해표 모녀는 다행스럽게도 안전하게 수면보다 높은 얼음 위에 누워 있었다. 어미가 밤새 고생을 하였을 것은 보지 않아도 짐작할 수 있었다.

블리자드 속에서 무너져 가는 해빙을 피해 필사적으로 높은 곳으로 기어 올라가던 해표 모녀가 기진맥진한 듯 눈 속에 누워 있다.

극지과학자가 들려주는 남극의 사계 - 여름, 가을, 겨울 그리고 봄

4. 4~6일째(9월 28일~9월 30일) 다음 날은 언제 그랬냐 싶게 날씨가 맑고 화창했다. 해표 모녀는 부두 옆 해안가 편편한 얼음 위에 자리를 잡고 누워 있었다. 밤새 블리자드 속에서 얼마나 고생을 했는지 어미는 기진맥진한 듯 꼼짝도 않고 누워 있었다. 그런데 만조 때면 해표가 있는 곳까지 바닷물이 들이차서 여간 위태해 보이는 것이 아니었다. 역시나 이곳으로 옮겨온 첫 날 저녁. 만조가 아직 1시간 반이나 남았는데 아기해표의 몸이 이미 반이나 물에 빠져 있어 얼음 위로 올라오려고 버둥거리고 있었다. 어미가 소리를 지르며 입을 벌리고 미친 듯이 경사면의 얼음을 이빨로 갈아 평평하게 만들어 새끼를 그 위로 밀어 올렸다. 털이 푹 젖은 새끼가 얼어죽는 것은 아닌지 걱정을 했는데 다음 날 보니 털이 보송보송 말라 있었다. 그 후로 어미는 새끼를 안쪽으로 밀어 넣고 자신은 바다 쪽으로 등을 돌리고 누워 새끼가 물에 빠지지 않게 보호하는 것 같았다. 안전하다고 생각한 건지 해표 모녀는 이곳에서 사흘을 보냈다. 새끼는 그사이에 눈빛이 초롱초롱해지고 동작이 활발해졌다.

4일째. 해표 모녀는 이곳에서 꼼짝도 않고 사흘을 보냈다. 지대가 낮아 새끼가 만조 때 물에 빠진 적도 있었다. 기지 해안에는 아직도 두터운 고착빙이 많이 남아 있었다.

6일째. 새끼가 물에 빠지지 않도록 바다 쪽으로 등을 돌리고 누워 있는 어미. 세종이는 눈빛이 초롱초롱해졌다.

5. 7일째(10월 1일) 아침에 보니 어제보다 높은 곳에 해표 모녀가 누워 있었다. 비와 강풍으로 해표가 올라앉은 해빙이 무너지고 있어 어미는 새끼를 데리고 좀 더 안전한 높은 곳으로 올라간 것이다. 원래 올라앉아 있었던 얼음은 내리는 비에 녹아내려 바닷물이 넘실대고 있었다. 정말 놀라운 본능이다. 사진을 찍으러 가까이 가니 어미가 눈을 뜨고 윗몸을 벌떡 일으키며 소리를 지르면서 경계를 했다. 새끼를 보호하려는 강한 모성의 발로일 게다. 새끼가 순진한 모습으로 빤히 쳐다보았다. 탯줄이 아직 달려 있었다. 새끼가 자꾸 미끄러지니까 어미는 경사면의 얼음을 이빨로 갈아서 자리를 편평하게 만들고 있었다. 웨델해표는 일생의 대부분을 물속에서 보내는데 겨울에 바다가 얼게 되면 이빨로 얼음을 갈아 숨구멍을 유지한다고 한다. 그래서 이빨이 망가지게 되면 오래 못 산다고 한다. 수분을 머금은 눈이 해표의 무게에 점점 내려앉으면서 아기 해표가 누워 있는 자리가 점점 움푹 패여 갔다.

7일째. 아직 탯줄이 달려 있고 체중도 크게 늘지 않아 털가죽이 쭈글쭈글하다. 눈구덩이에 푹 파묻힌 세종이

극지과학자가 들려주는 남극의 사계 - 여름, 가을, 겨울 그리고 봄

6. 8~10일째(10월 2~4일) 매일 봐서 그런지 어미의 경계가 느슨해졌다. 가까이 가면 잠깐 눈을 뜨고 몸을 일으켜 보다가 다시 눈을 감고 누웠다. 세종이가 어미 머리맡으로 기어가 비비적거렸다. 머리도 부벼대고 몸통에 기대보기도 하고. 이제 어느 정도 자리도 안정되고 배도 부르니 스킨십이 필요한 모양이었다. 좁은 공간이 답답한 듯 몸을 돌려보기도 하고 다시 젖도 빨고. 움직임이 활발해졌다. 새끼가 활발하게 움직일 때도 어미는 새끼와의 신체 접촉을 유지하고 있었다.

태줄이 아직 달려 있고 털 색깔은 노란색이 많이 빠지고 엷어졌다. 그동안 부두 옆 얼음 위에 불안정하게 자리를 잡고 있더니, 얼음이 점점 깨져 나가자 10일째 되던 날에는 부두 위 마당에 아예 올라와 자리를 잡았다. 새끼가 바다에 빠질까 조바심하던 내 마음도 편해졌다.

9일째. 열심히 젖을 빠는 세종이. 어미는 자신의 큰 꼬리로 아기 해표를 감싸 보호하고 있다.

7. 12일째(10월 6일) 태줄이 말라 비틀어져 곧 떨어질 것 같았다. 체중도 급격히 불어나서 이제 봉제인형처럼 몸통이 빵빵해졌다. 엄마랑 모양이 비슷해졌다. 해표의 모유는 지방 함량이 매우 높아서(40%) 어린 새끼가 하루가 다르게 성장할 수 있다고 한다. 어미는 꼼짝 않고 새끼를 돌보고 젖을 먹이면서 통통하던 몸이 점점 꺼져갔다. 수유하는 동안 심한 경우는 자기 몸무게의 50%가 줄어든다고 한다.

12일째. 체중이 급격히 불어나서 뚱뚱해진 세종이

8. 13～15일째(10월 7～9일) 13일째에 드디어 탯줄이 떨어졌다! 새끼 몸집이 이제 제법 투실해졌다. 목도 두툼해지고 눈도 똘망똘망해졌다. 호기심 어린 눈빛으로 빤히 쳐다보기도 하고 가까이 가면 앞으로 다가오기도 했다. 무료한 듯 몸을 뒤틀기도 하고 행동반경도 넓어져서 어미로부터 떨어져 나와 돌아다니기도 했다. 소리도 냈다. 웨델해표는 약 40가지의 다양한 소리를 낼 수 있다고 한다. 해표 중에서 가장 많은 소리를 낸다고 한다. 새소리 같은 소리를 내기도 했다. 어미는 누워 자는 것 같다가도 새끼가 멀리 떨어지는 것 같으면 몸을 일으키고 주의 깊게 지켜보곤 했다. 그래도 이제는 경계심이 좀 풀어진 것 같았다.

14일째. 세종이의 동작이 활발해졌다. 재롱도 피우고 소리도 낸다. 체중이 많이 준 어미의 허리가 푹 꺼져 있다.

9. 18일째(10월 12일) 드디어 세종이가 첫 수영을 했다. 이틀 전 어미가 세종이를 데리고 부두 끝으로 기어가는 모습을 보았다. 부두 끝에서 잠시 멈칫하더니 다시 돌아갔다. 부두 위에서 수면까지의 거리가 족히 2미터는 되었는데 아미도 새끼가 뛰어들기에는 너무 높다고 생각한 것이 아닐까? 해표 모녀가 수영하는 것을 목격한 지준경 반장이 오늘은 경사가 완만한 곳으로 해서 물속으로 들어갔다고 얘기해줬다. 수영을 마치고 새끼는 부두 우편 해안에서 따뜻한 햇살을 받으며 자고 있었다. '얼마나 대견했을까.' '엄마 나 드디어 해냈어요!' 두 눈을 꼭 감고 편안히 누워 자고 있는 아기 해표의 얼굴에 자랑스러움이 묻어나는 것 같았다. 몸 색깔도 이제 제법 검어지고 하루가 달라지게 몸집도 커졌다.

18일째. 엄마와 함께 첫 수영을!

10. 19~20일째(10월 14일) 이제 본격적으로 수영을 하기 시작했다. 이른 아침부터 수영을 하고 해안에 누워 쉬다가 바닷물이 차오르면 머리를 물속에 반복적으로 집어넣었다 하며 호흡 연습을 하기도 했다. 하루에도 수차례 어미와 함께 물에 들어갔다 나오고 했다. 기지 주변에서 헤엄치는 모습이 자주 목격되는 것으로 보아 멀리 가지 않는 것 같았다.

수영은 제법 하지만 아직 뭍에 오르는 동작은 날렵하지가 못했다. 물에 들어가고 나오는 장소가 조금씩 달랐는데 간혹 상륙 장소가 높아 기어오르지 못하게 되면 세종이는 소리를 지르면서 난리를 쳤다. 그래도 안 되면 어

미는 새끼를 데리고 다시 상륙하기 좋은 경사가 완만한 해안을 찾아 뭍에
올라 쉬곤 했다. 수영을 하고 난 후에는 배가 고픈지 어미젖을 열심히 빨았
다. 눈가에 거무스름한 부분과 배 옆으로 점박이 무늬가 또렷이 나타나기
시작했다. 이제 어미는 내가 나타나도 별 반응을 보이지 않는 반면 새끼가
호기심 어린 눈으로 쳐다보곤 했다. 세종이는 어미 주위를 이리저리 활기차
게 돌아다니곤 했다. 하루가 다르게 모습이 달라져 가고 있었다.

20일째. 엄마랑 함께 수영하는 세종이

11. 21일째(10월 15일) 유빙이 해안에 꽉 들어차서인지 해표 모녀의 모습이
보이지 않았다. 여기저기 찾아다녔는데 물속에 세종이가 엄마와 함께 머리
만 내놓은 채 있었다. 웨델해표는 평생을 자기가 태어난 해안에서 크게 벗
어나지 않는다고 한다. 귀소 본능이 강한 동물이다. 그리고 웨델해표는 육
지보다는 물속에서 보내는 시간이 훨씬 많다고 한다. 특히 블리자드가 불
때면 바다 속으로 들어가 피신을 한다고 한다. 강풍이 부는 혹한의 육지보
다 바닷속이 훨씬 아늑한 것이다. 세종이의 눈 주위가 검게 변하고 있었다.

21일째. 유빙이 꽉 들어찬
바닷속에 머리만 내놓고
있는 세종이와 어미. 세종
이의 눈 주위가 검게 변하
고 있다.

23일째. 수영을 끝내고 어미를 따라 뭍으로 기어올라가는 세종이

12. 23일째(10월 17일) 엄마랑 수영도 열심히 하고 뭍으로 올라오면 열심히 어미젖을 빨아댔다. 하루하루가 다르게 몸집이 커가더니, 이제는 털갈이를 본격적으로 해서 눈 주위, 목둘레, 꼬리 부분에 검은 무늬가 두드러지게 나타났다.

23일째. 눈 주위, 목둘레, 꼬리의 털 색깔이 변하는 중.

13. 27일째(10월 21일) 오늘은 기온도 올라가고 바람도 잦아들고 파란 하늘도 보였다. 그래선지 세종이도 하루 종일 해변에 어미와 함께 뒹굴대면서 젖도 열심히 빨았다. 세종이가 새소리 같은 소리를 자주 냈다. 며칠 전에도 비슷한 소리를 내는 것을 들었다. 이제 털갈이가 많이 되어서 머리 부분과 꼬리 부분은 거의 거무스름해졌고 배 부분도 군데군데 털갈이가 되고 있었다.

27일째. 머리와 꼬리가 거의 거무스름해지고 배 부분도 군데군데 털갈이가 되고 있다.

14. 29일째(10월 23일) 오전 이후에 해표 모녀가 보이지 않았다. 근처 해안을 샅샅이 찾아보았는데도 눈에 띄지 않았다. 요즘 기지에서 눈 치우기 등 봄맞이 대청소로 연일 부산하게 보냈는데 조용하고 안전한 곳을 찾아 떠난 것일까? 가슴 한구석이 텅 빈 것 같았다.

15. 49일째(11월 12일) 기지 헬리콥터 착륙장 앞 해변에서 어린 해표 한 마리를 보았다. 웨델해표는 한 달이나 한 달 반 정도 어미젖을 먹고 이후는 독립을 한다. 세종이인지는 확실치 않지만, 대부분의 해표가 자신이 태어난 곳을 크게 벗어나지 않는다는 점, 그리고 몸집의 크기로 볼 때, 세종이가 컸으면 이만해졌을 거라는 생각이 들었다. 털갈이는 완전히 끝나 이제 제법 웨델해표의 모습을 갖추고 있었지만 아직 머리가 몸통에 비해 상대적으로 커서 어린 티가 났다. 얼음덩어리 사이로 머리를 쑥 내밀고 경계하듯이 주위를 둘러보는 눈에 겁이 잔뜩 담겨 있었다. 아직 경계해야 할 포식자들이 있는 탓일 게다. 앞으로 몇 년간은 안심할 수가 없겠지. 이제 본격적인 여름철을 맞아 '남극대구 많이 잡아먹고 얼른얼른 크거라.' 다시 이곳을 찾아 해변에 누워 있는 웨델해표를 보면 세종이의 모습이 아른거릴 것 같다.

49일째. 헬기장 앞 해안에 나타난 어린 해표

참고 문헌

김정훈, 정진우, 이원영, 정호성. 2014. 남극동물핸드북. 극지연구소와 환경부 공동출간

안인영. 2007. 남극특별보호구역 지정을 위한 기초조사연구(BSPN07030-71-3). 환경부.

이명주. 1998. 여자가 남극엔 왜 왔어? 다락원.

이원영. 2015. Avian gut microbiota and behavioral studies. 한국조류학회지 22(1): 1-11.

장순근. 2011. 남극은 왜? 남극에 대한 119가지 오해와 진실. 지성사.

장순근. 1999. 야! 가자, 남극으로. 창비.

Adam, P.J. 2005. *Lobodon carcinophaga*. Mammalian Species 772: 1-14.

Ahn, I.Y. 1993. Enhanced particle flux through the biodeposition by the Antarctic suspension-feeding bivalve *Laternula elliptica* in Marian Cove, King George Island. Journal of Experimental Marine Biology & Ecology 171(1): 75-90.

Barker, P.F. and Burrell, J. 1977. The opening of Drake Passage. Marine Geology 25: 15-34.

Cziko, P.A., Evans, C.W., Cheng, C.H.C., DeVries, A.L. 2006. Freezing resistance of antifreeze-deficient larval Antarctic fish. The Journal of Experimental Biology 209: 407-420.

Daly, M., Rack, F., Zook, R. 2013. *Edwardsiella andrillae*, a new species of sea anemone from Antarctic ice. PLOS ONE 8(12): e83476. doi: 10.1371/journal.pone.0083476

Dayton, P.K., Gordon, A. Robilliard, G.A., Devries, A.L. 1969. Anchor ice formation in McMurdo Sound, Antarctica, and its biological effects. Science 163: 273-274.

Hiller, A., Wand, U., Kämpf, H., Stackebrandt, W. 1988. Occupation of the Antarctic continent by Petrels during the past 35,000 years: Inferenced from a ^{14}C study of stomach oil deposits. polar Biology 9: 69-77.

Kennett, J.P. 1978. The development of planktonic biostratigraphy in the Southern Ocean during the Cenozoic. Marine Micropaleontology 3: 301-345.

Lewis, A.R. et al. 2008. Mid-Miocene cooling and the extinction of tundra in continental Antarctica. PNAS 105(31): 10676-10680.

Libbrecht, K.G. 2005. The physics of snow crystals. Reports on Progress in Physics 68: 855–896. doi:10.1088/0034–4885/68/4/R03.

López–Martínez, J., Serrano, E., Schmid, T., Mink, S., Linés. C. 2012. Periglacial processes and landforms in the South Shetland Islands (northern Antarctic Peninsula region). Geomorphology 155–156: 62–79.

Lumpkin, R. and Speer, K. 2007. Global ocean meridional overturning. Journal of Physical Oceanography 37: 2550–2562.

Moon, H.W., Wan Hussin, W.M.R., Kim, H.C., Ahn, I.Y. 2015. The impacts of climate change on Antarctic nearshore mega–epifaunal benthic assemblages in a glacial fjord on King George Island: Responses and implications. Ecological Indicators 57: 280–292.

Oellermannn, M., Lieb, B., Pörtner, H.O., Semmens, J.M., Mark, F.C. 2015. Blue blood on ice. Frontiers in Zoology 12: 2–16.

Quartino, M.L. and Zaixso, A.L.B. 2008. Summer macroalgal biomass in Potter Cove, South Shetland Islands, Antarctica: its production and flux to the ecosystem. Polar Biology 31: 281–294.

Rothblum, E.D., Weinstock, J.S., Morris, J.F.1998. Woman in the Antarctica. Harrington Park Press, New York, 250 pages.

SCAR 2009. Antarctic climate change and the environment. edited by Turner et al. SCAR, Scott Polar Research Institute, Lensfield Road, Cambridge, UK, ISBN 978–0–948277–22–1

Siegert, M.J., Barret, P., Deconto, R., Dunbar, R., Ó Cofaigh, C., Passchier, S. 2008. Recent advances in understanding Antarctic climate evolution. Antarctic Science 20(4): 313–325.

Siniff, D.B. and Bengston, J.L. 1977. Observations and hypotheses concerning the interactions among crabeater seals, leoard seals, and killer whales. Journal of Mammalogy. 58(3): 414–416.

Zhu, R., Sun, L., Yin, X., Xie, Z., Liu, X. 2005. Geochemical evidence for rapid enlargement of a gentoo penguin colony on Barton Peninsula in the maritime Antarctic. Antarctic Science 17(1): 11–16.

그림으로 보는 극지과학 9

극지과학자가 들려주는 남극의 사계四季 - 여름, 가을, 겨울 그리고 봄

지 은 이 | 안인영

1판 1쇄 발행 | 2017년 12월 28일
1판 2쇄 발행 | 2021년 12월 6일

펴 낸 곳 | ㈜지식노마드
펴 낸 이 | 김중현

등록번호 | 제313-2007-000148호
등록일자 | 2007.7.10
주   소 | 서울시 마포구 양화로 133, 1702호(서교동, 서교타워)
전   화 | 02-323-1410
팩   스 | 02-6499-1411

이 메 일 | knomad@knomad.co.kr
홈페이지 | http://www.knomad.co.kr

가   격 | 12,000원

ISBN 979-11-87481-36-2   04450
ISBN 978-89-93322-65-1   04450(세트)